Purushottam Nagar

Estudo comparativo de três espécies de anuros do Rajastão

Purushottam Nagar

Estudo comparativo de três espécies de anuros do Rajastão

ScienciaScripts

Imprint

Any brand names and product names mentioned in this book are subject to trademark, brand or patent protection and are trademarks or registered trademarks of their respective holders. The use of brand names, product names, common names, trade names, product descriptions etc. even without a particular marking in this work is in no way to be construed to mean that such names may be regarded as unrestricted in respect of trademark and brand protection legislation and could thus be used by anyone.

Cover image: www.ingimage.com

This book is a translation from the original published under ISBN 978-620-2-00307-0.

Publisher:
Sciencia Scripts
is a trademark of
Dodo Books Indian Ocean Ltd. and OmniScriptum S.R.L publishing group

120 High Road, East Finchley, London, N2 9ED, United Kingdom
Str. Armeneasca 28/1, office 1, Chisinau MD-2012, Republic of Moldova, Europe
Printed at: see last page
ISBN: 978-620-7-69746-5

Índice:

ESTUDO COMPARATIVO DA HISTOLOGIA DO FÍGADO DE TRÊS ESPÉCIES DE ANUROS DO RAJASTÃO
RECONHECIMENTO

Tenho o prazer de confessar que o meu trabalho de dissertação nunca teria sido realizado se não fosse a orientação especializada e o encorajamento contínuo do meu supervisor Prof. A sua discussão estimulante, o seu grande interesse e a sua atitude prestável permitiram-me concluir com êxito o trabalho de dissertação.

Gostaria de expressar os meus mais sinceros agradecimentos ao Dr. Alok Panday, ao Dr. A. K. Gupta e ao Sr. Raju Sharma por todos os seus esforços na resolução dos problemas que surgiram durante o trabalho de dissertação.

Gostaria de manifestar a minha profunda gratidão a Deepak Bansal e ao nosso bolseiro de investigação Vivek Sharma, à Sra. Kumud Joshi, à Menina Shikha Mathur e à Menina Poonam Singh, que não se pouparam a esforços para me ajudar, encorajar e orientar, de modo a permitir-me levar este trabalho até ao fim. Agradeço à mamã e ao papá, Sra. Nirmala e Sr. R.S. Nagar, cujas bênçãos e encorajamento continuaram a ser uma fonte de inspiração e apoio constantes, bem como aos meus irmãos, Sr. R. K. Nagar, Dr. Vinod Nagar e M.K. Nagar.

É difícil agradecer aos meus amigos sorridentes e animadores pela sua ajuda sem precedentes. Não é possível exprimir a minha gratidão citando os seus nomes, mas alguns deles são Rajendra Bhuvnesh Navneet, Vinod, Sandeep, Mahendra, Ranu e Ritu, pela sua cooperação na realização desta tarefa.

Acima de tudo, agradeço a Deus todo-poderoso pelos seus momentos de desespero. Por último, agradeço os esforços do Sr. K.C., que dactilografou cuidadosamente o manuscrito e o tornou apresentável.

CHAPTER 1

INTRODUÇÃO

Os anfíbios são intermediários, em alguns aspectos, entre os peixes totalmente aquáticos e os amniotas terrestres. No entanto, não são simplesmente uma transição na sua morfologia, história de vida, ecologia e comportamento. Ao alcançarem com sucesso a independência da água e a colonização da terra, os anfíbios passaram por uma notável radiação adaptativa e os grupos vivos exibem uma maior diversidade de modos de história de vida do que qualquer outro grupo de vertebrados. Os anfíbios, especialmente os que saíram da água, habitam geralmente em ambientes hostis à sua fisiologia básica, porque são ectotérmicos (poiquilotérmicos) e têm um revestimento corporal permeável, sendo mais susceptíveis às vicissitudes do ambiente do que qualquer outro tetrápode. Os anfíbios indianos ocorrem em condições ecológicas variadas, desde as planícies até às montanhas, em zonas de fraca ou forte pluviosidade, desde leitos de rios até lagos e mesmo em desertos. Algumas espécies preferem ficar permanentemente na água, algumas vivem em arbustos perto de fontes de água, enquanto outras vivem debaixo de pedregulhos, pedras ou troncos em decomposição. Várias são arborícolas ou preferem fendas em rochas e árvores entre folhagem e folhagem ou em solos perdidos. Sabe-se que as formas desérticas sobrevivem até um metro e meio debaixo de dunas de areia. O presente estudo centrou-se na descrição e identificação de algumas espécies de anfíbios anuros no que respeita à sua ecologia, estatuto de distribuição e habitat. Também se observou a morfologia e o estudo comparativo da histologia hepática de três espécies de anuros, nomeadamente *Bufo stomaticus, Hoplobatrachus tigerinus e Euphlyctis cyanophlyctis.* Os declínios globais das populações de anfíbios estão a ser investigados através de quatro domínios de estudo interdependentes: distribuição e estatuto, ecologia, causas dos declínios e contextos ambientais.

O primeiro estudo sobre anfíbios na Índia foi efectuado por Gunther (1858). Posteriormente, Boulenger (1882, 1920) é considerado um pioneiro no estudo dos anfíbios indianos, tendo publicado uma série de trabalhos especialmente sobre a taxonomia dos anfíbios indianos incluídos na Fauna of British India, incluindo Ceilão e Birmânia. Posteriormente, Thurstan (1888), Annandale (1907), Rao (1915, 1937), Wall (1922), Nobel (1931), Hora (1922), Bhaduri e Kripalani (1954) contribuíram com os principais trabalhos sobre anfíbios indianos nos últimos cem anos. Entre estes, Boulenger trabalhou em vários aspectos da taxonomia dos anfíbios e descreveu uma série de géneros novos, incluindo um grande número de espécies novas. Smith (1917, 1927) descreveu a taxonomia dos anfíbios, especialmente de Assam, Birmânia, Tibete, Nepal e Península Malaia. Hora (1922, 1928) trabalhou sobre os anfíbios indianos, especialmente de cursos de água torrenciais, distribuição, ecologia e taxonomia, anatomia e fisiologia dos anfíbios indianos. Mayers (1942) deu um contributo válido para a taxonomia dos anfíbios indianos. Daniel (1975) trabalhou sobre a taxonomia, ecologia e distribuição dos anfíbios indianos, incluindo um excelente guia de campo para a identificação dos anfíbios da Índia Ocidental.

Cenário geral dos Anuros:
A maior parte dos anfíbios são noturnos. A maior parte deles são exclusivamente aquáticos, muitos são semi-aquáticos e algumas espécies são arborícolas. Para além destas, algumas espécies ocorrem debaixo de folhas e detritos em decomposição. São de tamanho pequeno e raros. Alguns anfíbios habitam colinas e encontram-se em rochedos perto de riachos, enquanto outros da família Ranidae preferem poças pouco profundas com ervas ou relva em florestas ou terrenos com fetos.
O sentido da visão é desigualmente desenvolvido nos anfíbios. Muitos dos cecilianos são cegos. Nos anuros escavadores, no entanto, o sentido da visão permanece completamente desenvolvido. Nalgumas rãs da família Microhylidae, que vivem em ninhos de térmitas, os olhos são pequenos e são sensíveis às impressões visuais aproximadamente na mesma medida que os das rãs diurnas e terrestres. Na maioria das rãs, os olhos estão situados em lados opostos da cabeça, pelo que não é possível uma visão binocular completa a curta distância. A maior parte das rãs tem uma visão bastante distante quando está em repouso. As espécies terrestres, como os sapos, também têm um alcance mínimo de visão, provavelmente devido à falta de visão binocular a curta distância. A íris do homem, dos anfíbios, especialmente dos sapos e das rãs, é muito colorida.

Quase todas as famílias vivas de anuros têm voz. Por outro lado, as cecílias não têm voz mas podem produzir guinchos audíveis. Embora as salamandras não possuam cordas vocais, algumas podem emitir um som de desmaio que funciona para atrair as fêmeas durante a época de reprodução, semelhante ao produzido pelo esfregar de um dedo molhado sobre um copo. A maior parte das rãs e dos sapos têm dois tipos de chamamentos: o chamamento de acasalamento, que varia de espécie para espécie. A voz de cada espécie de macho é distinta, o que ajuda o naturalista de campo a identificar as espécies invisíveis. As fêmeas de algumas espécies produzem chamamentos muito mais fracos do que os machos.

O sentido do olfato encontra-se no órgão de Jacobson, uma área de células especializadas na câmara nasal. É bem desenvolvido nos anuros e cecílias, mas está ausente em certas salamandras aquáticas. Nos anfíbios, as papilas gustativas encontram-se na língua e na mandíbula, bem como no palato, embora os órgãos do paladar e do olfato sejam fisiologicamente aliados e de estrutura bastante diferente.

A pele desempenha um papel importante no sentido do tato dos anfíbios. Os anfíbios de pele fina obtêm, sem dúvida, muita informação do que os rodeia em primeira mão através da pele. Nenhum anfíbio terrestre que consiga obter toda a sua quota de água por osmose através da sua pele a partir de uma fonte externa, como a água da chuva ou do orvalho, bebe água pela boca na lama molhada. A pele dos anfíbios desempenha várias funções. A maior parte das vezes é macia e húmida e não contém escamas visíveis. No embrião dos anfíbios, apenas a camada ectodérmica da pele secreta algumas secreções ácidas que causam irritação aos predadores. Estas glândulas concentram-se mais tarde nas parótidas dos sapos e nas verrugas de algumas salamandras terrestres.

A maioria dos anfíbios alimenta-se vorazmente. Alimentam-se de insectos como escaravelhos, térmitas, moscas, gafanhotos, borboletas, traças, percevejos, libélulas, bem como das suas larvas. Embora os insectos constituam a sua principal dieta, alimentam-se também de pequenos vertebrados como cobras, lagartos, outras rãs e, de facto, de todos os seres vivos que possam dominar.

A maior parte das larvas de anfíbios alimenta-se principalmente de algas e de outras plantas aquáticas. Uma vez que este tipo de alimentação vegetariana requer um canal alimentar relativamente longo, o intestino do girino é enrolado num tubo em espiral.

A taxa metabólica nos anfíbios é muito mais lenta do que nos vertebrados superiores, como as aves e os mamíferos. Parece ser mais elevada durante a época de acasalamento. As rãs e as salamandras são assediadas ao longo da sua vida por uma série de inimigos. Embora os ovos estejam rodeados por uma gelatina protetora, são frequentemente comidos pelas salamandras. Os girinos também são comidos por alguns peixes. As rãs maiores capturam os indivíduos mais pequenos da sua própria espécie ou de outras espécies. Os maiores inimigos dos anuros são as cobras.

A duração da vida dos anfíbios não é claramente conhecida. Em geral, os animais maiores vivem mais tempo do que os mais pequenos. As rãs e os sapos maiores atingem a maturidade sexual mais cedo do que os mais pequenos. A idade máxima registada foi de 52 anos numa salamandra do museu de Amesterdão.

O Rajastão é o maior estado da Índia, com uma área geográfica de 3 42 239 quilómetros quadrados. O que representa 11% da área geográfica do país? Está situado na parte noroeste da União Indiana e situa-se entre 23°30' e 30°11' de latitude norte e 69° 29' e 78° 17' de longitude leste. As florestas do Rajastão estão distribuídas de forma desigual nas partes norte, sul, leste e sudeste. As florestas são maioritariamente florestas de clímax adapto-climático.

Um ambiente natural é um ambiente auto-renovável, auto-perpetuante e estável, no qual cada organismo contribui de alguma forma, por mais pequena que seja, para a estabilidade global. Nos ecossistemas naturais, as plantas e os animais evoluíram ao seu próprio ritmo e à sua maneira, sob a influência da seleção natural, para se adaptarem à constelação de determinados factores ambientais ou nichos. Neste processo, ajudam a sustentar os outros, cada espécie controlando o seu próprio crescimento populacional e, ao mesmo tempo, limitando o de outras espécies, de modo a que um equilíbrio ecológico razoável possa ser alcançado e mantido durante centenas de anos.

O tubo digestivo e os órgãos associados dos anfíbios são geralmente os primeiros aspectos da anatomia interna vistos pelos estudantes de biologia. Uma descrição geral do sistema digestivo dos anfíbios foi apresentada por Noble (1931). Uma descrição exaustiva da microestrutura e dos aspectos funcionais do sistema foi fornecida por Reeder (1964). Dois crescimentos glandulares do intestino médio embrionário são o fígado e o pâncreas. O fígado é bi-lobado nos anuros, alongado e por vezes emarginado nas salamandras e muito alongado e ligeiramente emarginado nas cecílias.

Foram relatadas algumas dificuldades na manutenção do fígado de anfíbios em cultura de órgãos e em cultura de células Simnett e Balls (1969) e em cultura de células Arthur e Balls (1971) relataram que, em culturas de órgãos de fígado de *Xenopus* adulto jovem, se verificava uma necrose extensa ao fim de 3 dias e que não se verificava qualquer melhoria.

Características de identificação de rãs e sapos Vyas (2007)

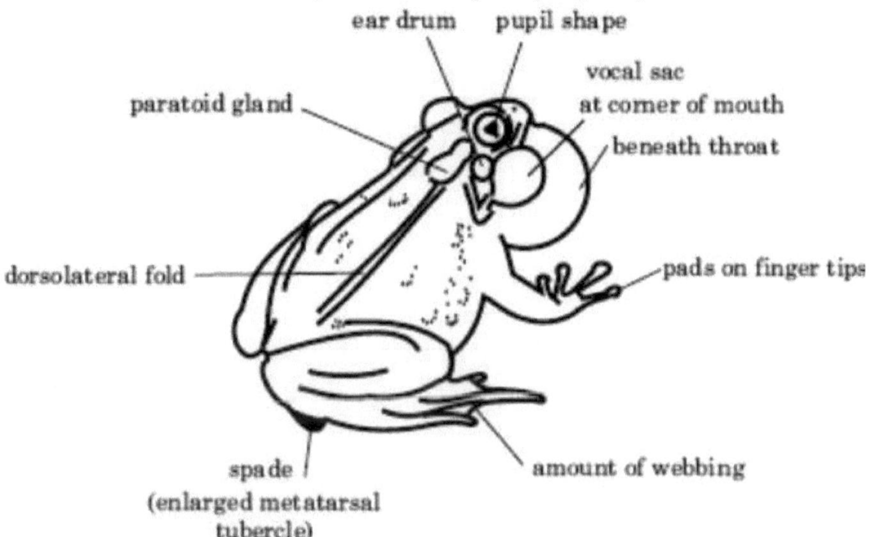

A classificação dos anfíbios baseia-se nos caracteres externos dos animais, bem como na anatomia interna dos mesmos. A identificação de uma espécie de anfíbio pode ser facilitada através da observação dos caracteres únicos e peculiares dos animais.

Quadro 1. Espécies de anuros do Rajastão e sua distribuição

S.N.	Nome científico	Nome comum	Distribuição
Família Ranidae			
1.	*Euphlyctis cyanophlyctis*	Rã saltadora indiana	Todo o Estado
2.	*Euphlyctis hexadactylus*	Rã verde da Índia	Jaipur
3.	*Hoplobatrachus tigerinus*	Rã-touro indiana	Dungarpur, Banswara, Udaipur, Sirohi, Bharatpur, Alwar, Dausa, S. Madhopur, Nagore, Ganganagar
4.	*Fejervarya limnocharis*	Rã grilo	Udaipur, Chittorgarh, Sirohi
5.	*Sphaerotheca breviceps*	Rã de cabeça curta	Udaipur, Sirohi, Pali, Jaipur, Nagore
6.	*Sphaerotheca rolandae*		Ajmer
Família Bufonidae			
7.	*Duttaphrynus melanostictus*	Sapo asiático comum	Udaipur, Sirohi, Jaipur
8.	*"Bufo" stomaticus*	Sapo de mármore	Udaipur, Sirohi, Jaipur, Ajmer, Ajmer, Bikaner, Ganaganagar, Nagore, Jhumjhunu
9.	*"Bufo viridis*	Sapo verde	Distrito de Jaipur
Família Microhylidae			
10.	*Microhyla ornata Ornada*	Rã de boca estreita	Udaipur, Chittorgarh, Sirohi, Pali
11.	*Uperodon systoma*	Rã balão de mármore	Udaipur, Jaipur
Família Rhacophoridae			
12.	*Polypedates maculatus*	Rã-das-árvores-indiana	Udaipur

Fonte: Sharma e Mehera (2007)

CHAPTER 2

<u>OBJECTIVOS</u>

1. Estudar a ecologia, o estado de distribuição e o habitat das espécies identificadas.
2. Identificar as espécies de anuros.
3. Estudar as características morfológicas das espécies de anuros identificadas

4. Estudar a morfologia do fígado das espécies identificadas em função dos diferentes habitats e aspectos ecológicos

5. Estudo histológico de espécies seleccionadas e identificadas

6. Estudar a estrutura das células de kupffer, das células hepáticas, do espaço sinusoide, da região portal, da veia central e da membrana celular das espécies de anuros identificadas, tendo em conta a ecologia, o habitat e o padrão de distribuição

CHAPTER 3

<u>REVISÃO DA LITERATURA</u>

As rãs são talvez as espécies de anfíbios mais reconhecíveis, com as suas longas patas traseiras e capacidade de saltar, e a sua grande capacidade de vocalização. A ordem anura inclui as rãs e os sapos. Tecnicamente, os sapos são um tipo especial de rã que possui uma pele granular extraordinária que lhes permite habitar zonas mais secas e membros posteriores mais curtos para "caminhar" em vez de saltar. O termo "anura" traduz-se aproximadamente por "sem cauda" e refere-se à ausência de cauda nas rãs adultas. O termo "salientia" é um termo basal que se aplica a anfíbios que estão mais intimamente relacionados com a ordem anura do que com as ordens caudata ou gymnophiona. (Ford e Cannatella 1993).

Há excepções à rã "típica", pois algumas desenvolveram adaptações para estilos de vida fossorial, aquático e arbóreo. Algumas podem ser magnificamente coloridas em vermelhos brilhantes, laranjas, azuis, rosas e quase todas as outras cores, enquanto outras podem ser castanhos ou verdes subtis. Muitas espécies podem mudar as suas cores para melhor se misturarem no seu ambiente, ou por sinais químicos.

Para além disso, as rãs não possuem cauda na idade adulta e possuem uma rádio-ulna, que é um rádio e uma ulna fundidos, e uma tíbio-fíbula fundida, que é uma tíbia e uma fíbula fundidas (Larson, 2004).

Vários cientistas realizaram vários estudos de campo para determinar a saúde dos anuros em habitats agrícolas com o objetivo de identificar o método mais útil para detetar os efeitos subletais dos poluentes agrícolas.

Também observaram os efeitos da temperatura ambiente (22 graus Celsius) e da estação do ano (verão / inverno) no aloenxerto de pele de anuros e a rejeição de xenoenxertos foi testada em rãs (*Rana temporaria* e *R. esculenta*) e sapos (*Bufo bufo, Bombina variegate* e *Bombina bombina*). Os tempos médios de sobrevivência do enxerto foram significativamente prolongados a baixa temperatura, de uma forma específica para cada espécie, sendo a rã comestível (*R.esculenta*) a mais sensível e o sapo comum (*Bufo bufo)* relativamente resistente. Os aloenxertos foram mais dependentes da temperatura do que os xenoenxertos; neste último caso, a sensibilidade à temperatura foi específica para cada combinação dador-hospedeiro. A rejeição de enxertos de segunda série em *R.esculenta* foi acelerada tanto no calor como no frio, mas os enxertos de segunda série foram menos sensíveis à temperatura do que os enxertos sensibilizantes. Tanto no verão como no inverno, *a R. esculenta* rejeitou rapidamente o aloenxerto a 22 Celsius, mas lentamente a 10 Celsius.
Barni et. al., (1999) investigaram a quantidade e a distribuição da melanina hepática em três espécies *Rana esculenta, Triturua a. apuanus* e *Triturus carnifex* durante dois períodos do ciclo anual (isto é, atividade estival e hibernação invernal) por meio de

luz e electrões

microscopia, análise de imagem e microfluorometria. O aumento da pigmentação do fígado (teor de melanina) durante o inverno parece estar correlacionado com modificações morfológicas e funcionais dos hepatócitos que, neste período, se caracterizam por uma diminuição da atividade metabólica.

Frieden e Just (1970) investigaram as alterações nas actividades sintéticas de certos tecidos de anfíbios durante a metamorfose.

Kaywin (1936) estudou as alterações nas necessidades metabólicas das células de anfíbios durante o seu desenvolvimento em anuros. Esta informação é mais facilmente obtida através da comparação das condições óptimas de cultura de células larvares e adultas. O fígado é particularmente útil para essa comparação, uma vez que há pouca divisão celular no fígado durante a metamorfose. Uma mudança nos requisitos metabólicos deve ser interpretada em grande parte em termos de mudanças nas propriedades das células individuais existentes.

Duellman e Trueb (1986) definiram que uma rã tem as características morfológicas presentes em todas, incluindo um máximo de 9 vértebras no sacro anterior, de tal forma que as três ou quatro vértebras posteriores estão fundidas num uróstilo.

Milner (1988) definiu as sinapomorfias que todos os taxa em Salientia incluem 14 vértebras pré-sacrais, um íleo alongado e dirigido anteriormente, a presença de um frotoparietal e a ausência de cauda e dentes.

Outra distinção importante entre a ordem das rãs é a fase de girino. A maioria das rãs é bifásica, nascendo de ovos e passando por um estágio larval aquático antes da metamorfose.

Para além disso, as larvas de anuros absorvem sempre a cauda durante a metamorfose, enquanto a cauda é retida nos caudados. Os girinos são altamente especializados, em comparação com as larvas caudadas e cecilianas, e estão equipados para consumir o máximo de alimentos possível durante esta fase. Quanto mais alimento for consumido, mais rapidamente o girino crescerá e se metamorfoseará.

Larson (2004) descreveu que o anuro conhecido é o fóssil Triadobatrachus massinoti de Madagáscar, que existiu durante o início do Triássico; há cerca de 250 milhões de anos, esta espécie fóssil ainda não tinha desenvolvido todas as características que definem as rãs modernas, mas foi um trampolim para os anfíbios vivos actuais. Também referiu que a rã verdadeira mais antiga é a Vieraella herbsti, do Jurássico inicial, há cerca de 188-213 milhões de anos As rãs modernas existiam antes dos principais grupos de dinossauros.

Hackford (1977) descreveu que em muitos anfíbios, a forma adulta é capaz de sair da água e por isso as brânquias da forma larvar devem ser transformadas em pulmões. A absorção das brânquias é um dos eventos finais da metamorfose, ocorrendo durante o clímax é induzida pela tiroxina. As brânquias são constituídas por células epiteliais de vários tipos e, consoante o tipo, são células que permanecem viáveis ou que sofrem apoptose.

Larson (2004) afirmou que as rãs não possuem cauda na idade adulta, e possuem um rádio e ulna, que é um rádio e ulna fundidos, e uma tibiofíbula, que é uma tíbia e fíbula fundidas.

Duellman e Trueb (1986) também definiram que as patas traseiras da maioria das espécies são muito mais longas do que as patas dianteiras, por meio de tíbias e fíbulas alongadas, uma adaptação para saltar. Esta é, naturalmente, uma caraterística reduzida nas espécies que se adaptaram a estilos de vida que não requerem grandes saltos, como as espécies fossoriais.

Nas rãs, a fase larvar aquática, ou fase de girino, é muito distinta, na medida em que os girinos se metamorfoseiam sempre completamente. Em contraste com os caudados, onde se observa neotenia ou paedomorfismo em nove das dez famílias, com quatro famílias compostas inteiramente por espécies que mantêm as características larvares até à idade adulta.

Existem mais de 4.500 espécies de anuros reconhecidas, o que faz da ordem anura a maior das três. As rãs têm também a distribuição mais alargada, que inclui praticamente todos os habitats imagináveis, com grandes concentrações nos trópicos. A maior das trinta famílias de anuros é Leptodactylidae, com mais de 1.100 espécies, seguida por Hylidae, com mais de 800 espécies, e Ranidae, com mais de 700 espécies. Allophrynidae, Nasikabatrachidae e Rhinophrynidae são as famílias mais pequenas, todas compostas por apenas uma espécie.

A taxonomia atual dos anuros é, por vezes, bastante caótica. Há frequentemente desacordos quanto à legitimidade de certos táxones, desde o nível das subespécies até às famílias. Além disso, novas espécies são descobertas com bastante frequência na natureza, pelo menos em comparação com muitas outras ordens de animais. As nossas capacidades de analisar as espécies a nível molecular estão a tornar-se mais apuradas com o passar do tempo, o que resulta frequentemente na reclassificação das espécies existentes.

CHAPTER 4

MATERIAIS E MÉTODOS

Os espécimes de Bufo stomaticus, Euphlyctis cyanophlyctis e Hoplobatricus trigrinus em estado adulto foram obtidos na área de estudo. Foram recolhidos dezoito espécimes. Depois disso, foram imediatamente colocados em recipientes de plástico que foram enchidos com três litros de água da torneira, colocados com água do local para manter a vida do espécime para estudo posterior.

Em condições laboratoriais, foram colocados num recipiente com água. A água era mudada depois de amanhã até os espécimes não serem utilizados para o estudo seguinte. As rãs foram submetidas a um fotoperíodo de 14:10 com temperaturas ambiente ou de laboratório e da água mantidas entre 25° C e 30° C.

Produtos químicos:

Fixador de Bouin: 75 ml de ácido pícrico saturado e 5 ml de ácido acético glacial, 20 ml de formalina a 40%.

Albumina de Mayer: 5 cc de albumina fina (ovo de galinha) dissolvida em 50 cc de glicerol e adicionar um palato de cristal de timol ou adicionar 1 g de selecilato de sódio.

Vermelho rápido nuclear (N.F.R.): 0,1 g de vermelho rápido nuclear foi dissolvido em 100 ml de sulfato de alumínio a 5% em água destilada. A solução foi aquecida, agitada continuamente durante 2 a 3 horas, arrefecida e filtrada. A solução não foi deixada a ferver durante um período mais longo.

AZAN: - 0,5 g de azul de anilina, 2,0 g de Orange-G e 2,0 g de ácido oxálico foram dissolvidos em 100 ml de água destilada. A solução foi fervida durante 10 minutos e deixada arrefecer durante algum tempo, sendo depois filtrada.

Ácido fosfomolíbdico (PMA): - 1,0 g de ácido fosfomolíbdico foi dissolvido em 100 ml de água destilada.

Eosina (rosa-alcoólica): - Dissolver 0,5 g de pó de Eosina em 100 ml de álcool a 70%.

Série Álcool:

1) 30 %

50%, 70%, 90% e 100% (álcool absoluto)

Aparelhos e instrumentos:

> Rede de captura de rãs
> Máquina fotográfica digital (fotografia de campo e de espécimes)
> Parafina e cera de abelha
> Placa de aquecimento
> Micrótomo rotativo - MAC Lab
> Vernier calipers
> Medidor de parafuso
> Forno
> Bloco de madeira
> Lâmpada de espírito
> Máquina fotográfica (Nikon, Japão) para fotografia microscópica
> Microscópio de luz
> Software utilizado para a análise estatística (SPSS)

Recolha de espécimes:
Os anuros foram recolhidos em diferentes áreas de estudo. As espécies de anuros que se encontravam em valas ou pequenos lagos foram recolhidas com uma rede preparada pelo próprio e as espécies presentes a nível terrestre foram capturadas à mão ou com uma rede. Alguns espécimes de anuros foram também recolhidos de acidentes rodoviários e de outras vítimas acidentais.

Identificação:
Com a ajuda de fotografias, medições e características morfológicas, identificou-se o espécime de rã.

Extração do fígado:
Em seguida, cada rã foi pesada para determinar a sua massa corporal através de uma máquina digital systronics. As rãs foram pesadas; o fígado de cada rã foi removido por mico-dissecção. Depois de os fígados terem sido retirados, primeiro foi medido o peso do fígado e depois as rãs foram submetidas a eutanásia.

Processamento da fixação do fígado:
Após a remoção do fígado, os lóbulos dos fígados foram fixados em solução aquosa de Bouins, que foi substituída por água da torneira após um período de 24 horas. Depois de as amostras terem sido limpas do excesso de solução de Bouins, os tecidos foram desidratados com eosina a 30%, 50%, 70% e, em seguida, novamente em álcool a 70%, álcool a 90% e álcool absoluto (100%). Em seguida, os pedaços de fígado foram embebidos em cera de parafina e cortados a 6 μm com um micrótomo MAC 325. As fitas foram colocadas numa lâmina sobre uma camada fina de

albumina de Mayer, montadas em lâminas e etiquetadas por ordem sequencial. As lâminas foram coradas utilizando o método "DOMAGK" e, depois, foi aplicada uma lamela de cobertura com D.P.X e examinadas

utilizando um "Steriozoom Micro-scope" e as fotografias dos tecidos foram obtidas com uma câmara "Nikon" (Japão).

Medidas:
Para determinar quantitativamente o rácio do peso corporal, foi medido o rácio fígado/corpo e a densidade das células de Von Kupffer. O rácio corporal e o rácio fígado/corpo foram calculados e comparados utilizando a correlação. Foram construídos gráficos para fornecer uma representação visual dos resultados.

Etapas do processamento de tecidos (Histologia):
> Fixação de tecidos

> Lavagem de tecidos

> Desidratação dos tecidos

> Incorporação

> Fabrico de blocos

> Aparar

> Corte de secção

> Difusão

> Coloração pelo método Domagk

Processo de desidratação para incorporação de tecidos em paratina e cera de abelha
Os tecidos devem ser dissecados e colocados num frasco de tecido adequado ao tamanho da amostra.

Processo de desidratação:
1. Álcool a 30% - 10 min
2. Álcool a 50% - 10 min
3. Álcool 70% - 15 min
4. Eosina -   5 min
5. Álcool 70% - 15 min
6. Álcool a 90% - 30 min
7. Álcool 100% I - 30 min
8. Álcool 100% II - 30 min
9. Xileno I - 30 min
10. Xileno II - 30 min
11. Meio de incorporação: Xileno (30: 70) (58°C) - 60 min
12. Meio de incorporação: Xileno (50: 50) (58°C) - 60 min
13. Meio de incorporação: Xileno (70: 30) (58°C) - 60 min
14. Absolute Embedding medium- I (58°C) - 60 min
15. Absolute Embedding medium- II (58°C) - 60 min

Fig. A. Representação de uma balança digital para pesagem do peso do corpo e do fígado.

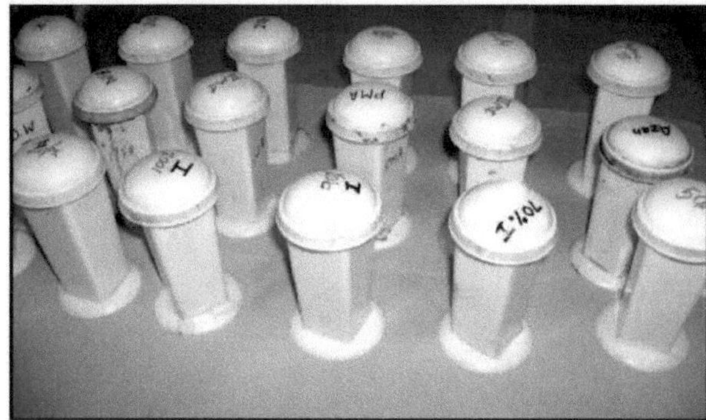

Fig. B. Frascos de acoplamento para coloração Domagk de secções de fígado.

PLACA-1

Fabrico de blocos:

Pegue num papel liso e faça uma forma de barco com a ajuda de um bloco de madeira. De seguida, fazer uma camada fina de meio de incorporação. Em seguida, coloca-se um pedaço de tecido no ponto médio do barco e enche-se completamente com o meio de incorporação. Agitar imediatamente com uma agulha quente para eliminar as bolhas de ar e arrefecer em seguida.

Aparar:

Retirar o bloco e aparar com uma lâmina de barbear em forma de pirâmide. O tecido deve ficar situado na extremidade da ponta. O bloco de madeira é fixado na base da pirâmide de cera.

Corte de secções:
Colocou-se o bloco de madeira fixado com cera piramidal no micrótomo MAC 325 e cortou-se a 6 µm.

Espalhamento:
Colocar a albumina de Mayer na lâmina e espalhar a fita suavemente. A lâmina é colocada numa placa de aquecimento a 40°C para espalhar corretamente a fita.

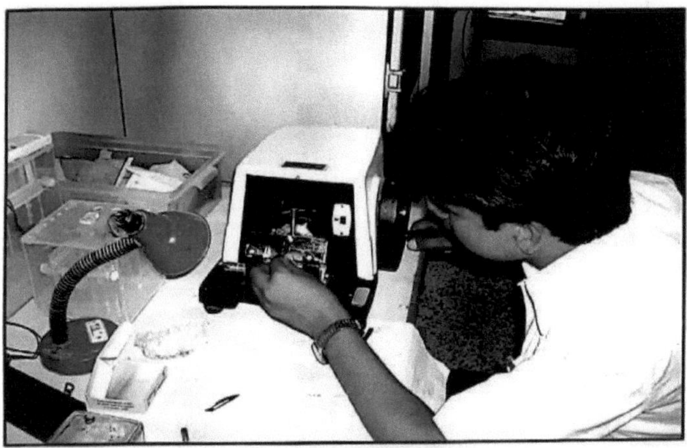

Fig. A. Mostra a secção do bloco por micrótomo rotativo.

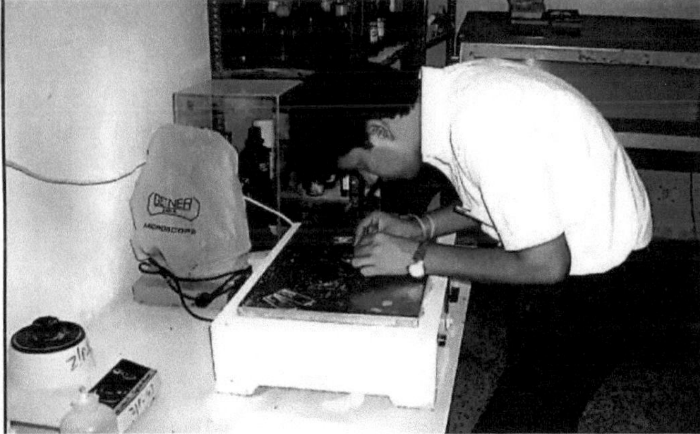

Fig. B. Mostra o espalhamento de secções de fígado na placa de aquecimento.
PLACA-2

Coloração pelo método Domagk:
Para o exame histológico, foram processados tecidos hepáticos de *Hoplobatricus*

tigrinus, Euphlyctis cyanophlyctis e Bufo stomaticus adultos. Os tecidos foram corados a uma espessura de 6 μ e desidratados da forma habitual, utilizando vários graus de álcool. As secções foram coradas com Nuclear Fast Red (N.F.R.) e contra-coradas com azul de anilina, laranja-G e ácido oxálico, de acordo com a técnica de coloração de Azan modificada (Domagk, 1948)

1. Xileno-I 15 minutos
2. Xileno-II 15 minutos
3. Álcool absoluto 10 min
4. Álcool a 90% 10 min
5. Álcool a 70% 10 min
6. Álcool a 50% 5 min
7. Álcool a 30% 5 min
8. Água destilada 5 min
9. Nucler Fast Red (N.F.R.) 60 min
10. Água destilada 5 min
11. Ácido posfomolíbdico (PMA) 5 min
12. Água destilada 1min
13. Azan 5 min
14. Água destilada 1min
15. Água destilada 1min
16. 90% de álcool só por imersão
17. Álcool absoluto 3 min
18. Xileno I - 10 min
19. Xileno II - 10 min
20. Montado em DPX com tampa de número zero Vidro.

Classificação de Amphibia
A classificação seguida aqui é dada por Nobel [1931]
Anfíbios extintos

Ordem 1	Labyrinthodontia
Subordem	1Embulomeri
Subordem	2Rhachitomi
Subordem	3Stereospondyli

Ordem 2 Phyllospondyli
Ordem 3 Lypospondyli
Subordem 1 Adelospoindyli

Subordem 2	Aistopoda
Subordem 3	Nectrídeos

Anfíbio vivo
Subordem 4 Gastrocentrophori
Ordem 4 Gymnophiona ou Apoda
Ordem 5 Caudata ou Urodela

Subordem 1	Cryptobranchoidea

Subordem 2 Ambystomoidea

Subordem 3   Salamandroidea
Subordem 4   Proteídeos
Subordem 5 Meanter
Ordem 6 Anura ou salientia
Dubois 1983
Subordem 1 Amphicoela
Subordem 2 Ophisthocoela
Subordem 3 Anomocoela
Subordem 4 Procoela
Subordem 5 Diplasiocoela
Subordem -Discoglossoidei
Super família -Discoglossoidea
Família - Discoglossoidea Gunther 1859
          - leiopelmatidae Mivart 1869
Subordem - Pipoidei
Subordem-Pipoidei
Super família -Pipoidei
Família -Pipoidea Gray 1825
          -Rhinophrynidae Gunther 1859
Super família -Pelobatoidea
Família -Pelobatidae Bonaparte 1850
          - Pelodytidae Bonapart 1850
Super ordem -Ranoidei
Super família - Hyloidea
Família - Rheobatrachidae
               -Myobatrachidae Schlegel 1850
               -Sooglossidae Noble 1931
               -Leptodactylidae Werner 1896
               -Dendrobatidae
               -Bufonidae Gray 1825
               -Brachycephalidae Gunther 1859
               -Rhinodermatidae Bonaparte 1850
               -Pseudidae Fitzinger 1843
               -Hylidae Gray 1825

Família - Centrolenidae Taylor 1951
               -Pelodryadidae
Super família -Microhyloidae
Família - Ranidae Gray 1825
               -Rhacophoridae
               -Anthroleptidae Mivart 1869
                -Hyperoliidae Laurent 1943 -
               Hemisidae
a- Inclui Rheobatrachidae
b-Equivalentes Dendrodatidae Cope 1865

c- Inclui Pelodryadidae
d- Inclui Anthroleptidae e Hemisidae
e- Inclui Rhacophoridae
f- Anthrileptidae

As secções coradas e montadas em DPX foram observadas num microscópio estereoscópico trinocular (Nikon, Japão)
A secção histológica representativa do fígado foi fotografada utilizando um microscópio trinocular (Nikon) com câmara automática.

CENÁRIO GERAL DE TRÊS ESPÉCIES DE ANUROS

Bufo stomaticus

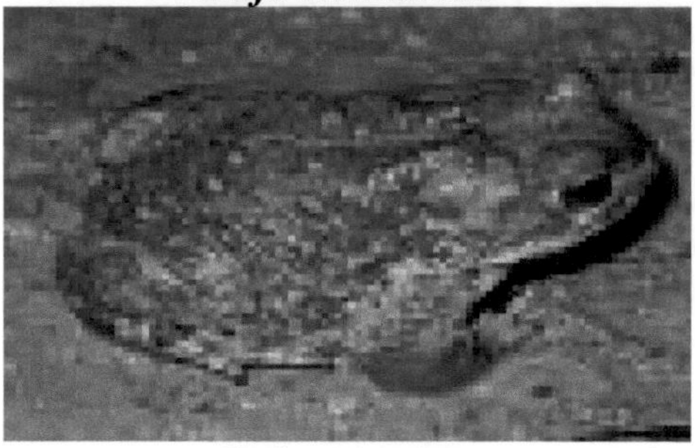

Bufo stomaticus

FiloChordata

    GrupoVertebrata

        Subfilo Gnathostomata

           ClasseAnura

              SubordemDiplosiocoela

                Género   *Bufo*

                  Espécies   *estomático*

CONTEÚDO	ESTADO DE CONSERVAÇÃO
IUCN (Lista Vermelha) Estatuto	Pouco preocupante (LC)
CIDADES	Índia, Srilanka, Paquistão, Bangladesh
Estatuto nacional	Comum
Estatuto regional	Comum

Descrição:
Este sapo não tem cristas cranianas; o espaço inter-orbital é um pouco mais largo do que a pálpebra superior; o tímpano é distinto, redondo, com um diâmetro igual a dois terços do diâmetro do olho; o primeiro e o segundo dedos são subiguais; os dedos dos pés têm tubérculos subarticulares simples; existe uma crista espinhosa no tarso; a glândula parótida é mais comprida do que larga; existe uma glândula tibial distinta.
Cor:- Dorso cinzento claro ou azeitona a quase preto, com manchas escuras ou reticulação cinzenta a escura; lábio superior creme. Ventre branco sujo, com manchas escuras na garganta, 3 bandas transversais escuras na face anterior do antebraço. Pontas dos dedos castanho-escuras.

Distribuição e Habitat:
Afeganistão, Índia (Andhra Pradesh, Bihar, UP, Maharashtra, Bengala Ocidental e Rajasthan), Irão, Nepal, Omã, Paquistão, Sri Lanka, Bangladeche.
Em Rajasthan: Udaipur, Sirohi, Jaipur, Ajmer, Bikaner, Ganaganagar, Nagore, Jhumjhunu
Esta espécie está adaptada a diferentes biótopos, mas é mais comum em regiões secas, semidesérticas e áridas, tendo sido registada em altitudes entre 100 e 1828 m no Nepal. Embora seja uma espécie puramente nocturna. Pode ser vista durante o dia na época de reprodução. Em zonas de escassa pluviosidade, esta espécie encontra-se aestivada a menos de 2-3 m de profundidade em solo húmido ou arenoso, escavando com a ajuda dos tubérculos metatarsais afiados (Chanda, 2002).

História de vida, abundância, atividade e comportamentos especiais

Girino:
Os cardumes de girinos escuros desta espécie são comuns em charcos e poças nas planícies do Punjab e Sindh durante as monções. Nas colinas, os girinos estão confinados às poças laterais das torrentes. Daniel (1963) registou a reprodução deste sapo em poças de água a cerca de 90 m do mar em Bombaim, na Índia.
O girino é tipicamente bufonídeo, com um corpo oval abaulado, uma cauda fraca e uma barbatana dorsal alta e uma barbatana ventral mais estreita. O disco oral é anteroventral com uma fórmula de 2(2)/3 filas de dentes labiais; o bico é finamente serrilhado com papilas orais laterais. O corpo e as barbatanas do girino são salpicados de castanho claro (Khan, 1968; Khan e Mufti, 1994). Comprimento total do girino 30-31 mm, cauda 20 mm.
O hábito gregário deste girino continua até ao 36º estádio de desenvolvimento (Khan, 1965), mais tarde o girino torna-se solitário e quando perturbado vai para as águas profundas (Khan, 1991; Khan e Mufti, 1994). **Tendências e ameaças:**
As escorrências de produtos químicos utilizados como fertilizantes e pesticidas contra as pragas das culturas estão a causar a morte e deformações nos girinos. A mortalidade devido ao aumento do tráfego é elevada. A pulverização de insecticidas nas culturas está a causar estragos na população deste sapo, ao ser diretamente atingido pela pulverização e ao comer os insectos mortos pela pulverização e as suas larvas. O aumento das temperaturas atmosféricas e a diminuição da precipitação afectaram enormemente a população deste sapo. Os charcos e poças onde se reproduz

durante o período inicial de reprodução (março a maio) estão na sua maioria secos, matando os ovos e os girinos. Este sapo vive sobretudo em fendas e buracos nos campos. A utilização de tractores pesados com tesouras compridas, destrói os sapos, a maioria dos quais é morta por pisoteio.

Relação com os seres humanos:
O sapo estende-se nas casas habitadas, escondendo-se debaixo de artigos domésticos, alimentando-se de insectos fotófilos, etc. Quando manuseado por crianças ou adultos sem cuidado, causa irritação e furúnculos na pele. Os cães que brincam com sapos são frequentemente mortos ou ficam doentes. O sapo alimenta-se vorazmente, devorando diferentes tipos de insectos e larvas, que são na sua maioria pragas das culturas.

Possíveis razões para o declínio dos anfíbios:
Alteração e perda geral do habitat. Modificação do habitat devido à desflorestação ou a actividades relacionadas com o abate de árvores. Intensificação da agricultura ou do pastoreio, urbanização, perturbação ou morte por tráfego automóvel, seca prolongada, fragmentação do habitat, pesticidas, fertilizantes e poluentes locais, pesticidas, toxinas e poluentes a longa distância. Alterações climáticas, aumento dos raios ultravioleta ou maior sensibilidade aos mesmos, etc.

Comentários:
Este sapo é o anfíbio mais comum no Vale do Indo, mas a utilização crescente de produtos químicos nos campos agrícolas está a ter os seus efeitos.

Euphlyctis cyanophlyctis

Euphlyctis Cyanophlyctis

FiloChordata
    GrupoVertebrata
        SubfiloGnathostomata
           ClasseAnura

SubordemDiplosiocoela
Género   *Euphlyctis*
Espécies   *cianoficea*

Nome comercial Rã saltadora comum

CONTEÚDO	ESTADO DE CONSERVAÇÃO
Estatuto da IUCN (Lista Vermelha)	Pouco preocupante (LC)
CITES	Afeganistão, Bangladesh, Índia, Irão, República Islâmica do, Nepal, Paquistão, Sri Lanka
Estatuto nacional	Muito comum
Estatuto regional	Muito comum

Descrição:
O espaço intertribal é mais estreito do que a pálpebra superior; o tímpano é distinto, com cerca de dois terços do tamanho do olho; os dedos são delgados, pontiagudos ou ligeiramente inchados nas pontas, o primeiro não ultrapassa o segundo; os dedos dos pés são completamente palmados; o tubérculo metatársico interno é longo, cónico, muito semelhante a um dedo rudimentar; o macho tem fendas vocais sob a mandíbula inferior; o dorso tem numerosos pequenos tubérculos lisos dispersos, os lados do corpo são rugosos, o ventre é liso.

Cor:
Dorso cinzento-claro, verde-azeitona ou castanho-claro, por vezes preto, com manchas negras irregulares. Coxas posteriormente escuras com uma ou duas riscas longitudinais irregulares amarelas ou brancas; ventre branco, imaculado ou com manchas ou reticulações escuras; sacos vocais castanhos claros.

Distribuição e Habitat:
Afeganistão, Bangladesh, Índia (todo o país), Irão, Nepal, Paquistão, Sri Lanka.
Distribuição no Rajastão: está amplamente distribuída em todo o Estado.
A rã saltadora é uma das rãs orientais mais amplamente distribuídas. Estende-se da Tailândia ao Nepal, por toda a Índia, Sri Lanka e quase todo o Paquistão abaixo dos

1800 m (Khan, 1997). Estende-se para oeste até ao Irão e ao Afeganistão. As suas várias raças foram descritas no Paquistão. A sua população da Arábia Saudita foi descrita como uma espécie distinta, *Euphlyctis ehrenbergii* Peter (Balletto *et al.* 1985).

História de vida, abundância, atividade e comportamentos especiais:

A Euphlyctis cyanophlyctis é uma rã altamente aquática e litoral. Reside permanentemente em diferentes tipos de habitats com água empoçada, nas planícies e partes sub-montanhosas do Paquistão. A rã tem uma capacidade notável de se adaptar às condições aquáticas incertas das regiões áridas temperadas do Paquistão.

O seu hábito único e peculiar de saltar sobre a superfície da água é relatado pelo imperador mogol Babar na sua autobiografia (Beveridge, 1979; Khan e Tasnim, 1987).

A rã flutua ou permanece agachada na vegetação ao longo da água marginal. Um intruso inicia o comportamento de saltar da rã, durante o qual a superfície ventral achatada e insuflada do corpo assenta na superfície da água, enquanto o empurrão vem das patas com membranas completamente distendidas, que dirigem o corpo para a frente, de modo a que a rã seja rapidamente transportada para o centro do lago. Quando ainda mais provocada, mergulha nas profundezas.

A rã tolera uma vasta gama de variações de pH, desde a água doce até às águas residuais consideravelmente salobras e poluídas; desenvolve-se igualmente bem nos sistemas de esgotos das cidades.

As rãs individuais vocalizam a partir de massas de água permanentes durante quase todo o ano. No entanto, a atividade de reprodução ativa inicia-se no início do verão a temperatura da água sobe para 10-12° C (Khan e Malik, 1987). Os machos que chamam reúnem-se geralmente num canto de um lago com alguma vegetação marginal. Alguns sentam-se na margem húmida, outros flutuam. O tom do chamamento é muito variável, dependendo das temperaturas da água e da atmosfera, bem como da idade e do estado de reprodução das rãs. Trata-se apenas de "chuutt, chuutt, chuutt" repetido várias vezes. Os machos que chamam são muito activos, chamando e guinchando e saltando continuamente uns sobre os outros, causando agitação na água do lago. Atacam-se ativamente uns aos outros num frenesim reprodutivo. Quando se forma um casal, este não abandona o local. Uma fêmea pode formar pares com vários machos, pondo ovos com cada um deles.

No Baluchistão, *Euphlyctis cyanophlyctis* reproduz-se em simpatria com *Paa sternosignata* e, nas zonas montanhosas do norte, com *Tomopterna breviceps*. Muitas vezes, os seus machos relativamente activos acasalam com rãs relativamente dóceis destas espécies. Não se conhecem ovos resultantes destes pares (Khan, 1987; Khan e Ahmed, 1987).

Euphlyctis cyanophlyctis é um alimentador voraz, que se alimenta principalmente de insectos aquáticos, escaravelhos, girinos, libélulas, gafanhotos, alevins, etc. Sabe-se que sai da água durante a noite e vai procurar alimento na relva circundante, regressando ao lago ao amanhecer.

O número de cariótipos registados para esta espécie é 26 (Pillai, 1975).

Girino:

Girino grande, com corpo oval abaulado, mais largo a meio do corpo, ventre plano. Os olhos são grandes e laterais. A cauda é longa, musculada, com barbatanas dorsais mais largas e ventrais mais estreitas, a ponta da cauda é obtusa. (*Ronald Altig et al., 2007*) O disco oral anteroventral tem um lábio anterior largo com uma única fila de dentes; o lábio posterior é mais estreito com duas filas de dentes. A fórmula da fileira de dentes labiais é 1/2. Os dentes estão dispostos numa única fila. Um dente é uma haste quadrada, curvada medialmente, com 0,13-0,34 mm de comprimento e ponta romba. O bico é largo e finamente serrilhado. Um par de palpos labiais laterais espessos, com papilas curtas e sem corte. O palpo labial posterior estende-se muito para além do lábio posterior, é estreitamente interrompido medialmente, enquanto a sua metade anterior forma uma bolsa que inclui uma mancha de papilas mais pequenas. O dorso do girino é enegrecido com manchas e pontos negros escuros que se estendem à cauda e às barbatanas (Khan, 1982, 1991). Comprimento total do girino 42-44 mm, cauda 23-24 mm. Este girino é solitário, permanece a maior parte do tempo no fundo e alimenta-se principalmente de detritos, quase obstruindo o seu trato digestivo. Normalmente, não é detectada qualquer vegetação fresca no seu aparelho digestivo. Também se alimenta de girinos mortos, de animais afogados como minhocas, etc. Ataca girinos simpátricos e alimenta-se deles (Khan e Mufti, 1995).

Os girinos de *Euphlyctis cyanophlyctis* são mais comuns em massas de água nas planícies de Punjab e Sindh, de finais de fevereiro a meados de setembro.

Tendências e ameaças:

Embora a rã seja muito comum em todos os tipos de corpos de água pequenos ou grandes, os poluentes na água afectam-na. Os adultos morrem ou migram para novas lagoas. No entanto, os girinos e os ovos morrem. A rã e os seus girinos são comuns na dieta das garças e de outras aves que visitam a água. Faz parte da dieta de várias cobras comuns, varanídeos e crocodilos. A drenagem das zonas húmidas afecta grandemente a distribuição desta rã.

Relação com os seres humanos:

É um exterminador de pragas, alimenta-se vorazmente de diferentes insectos e das suas larvas.

Possíveis razões para o declínio dos anfíbios:

Alteração e perda geral do habitat, modificação do habitat devido à desflorestação ou a actividades relacionadas com o abate de árvores, urbanização, secas prolongadas, drenagem do habitat, barragens que alteram o caudal do rio e cobrem o habitat, alterações subtis do habitat especializado necessário. Fragmentação do habitat pesticidas, fertilizantes e poluentes locais pesticidas, toxinas e poluentes a longa distância.

Comentários:

Na sua vasta área de distribuição, da Arábia à Tailândia, esta rã distingue-se em várias raças.

Hoplobatrachus tigerinusDuadin,1802

Hoplobatrachus tigerinus

FiloChordata
    GrupoVertebrata
        SubfiloGnathostomata
        ClasseAnura
            SubordemDiplosiocoela
            Género   *Hoplobatrachus*
                Espécie   *tigrino*

Nome comercial Rã-touro do vale do Indo, rã-touro indiana

Conteúdo	Estado de conservação
IUCN (Lista Vermelha) Estatuto	Pouco preocupante (LC)
CITES	Bangladesh, Índia, Nepal, Paquistão, Sri Lanka
Estatuto nacional	Nenhum
Estatuto regional	Nenhum

Descrição:

A cabeça é ligeiramente mais comprida do que larga, sendo mais larga nos espécimes mais velhos; focinho pontiagudo, saliente, canto obtuso; dorso oblíquo, ligeiramente côncavo; espaço interorbital muito mais estreito do que a pálpebra superior; tímpano distinto, quase tão grande como o olho; dedos obtusamente pontiagudos, o primeiro mais comprido do que o segundo; a articulação tibiotársica atinge o olho ou entre o olho e o naris; dedos obtusos, com as pontas ligeiramente inchadas, inteiramente palmados, fracamente emarginados; tubérculo metatársico externo separado quase até à base; tubérculos subarticulares pequenos, uma prega dérmica ao longo da borda externa do quinto dedo do pé, tubérculo metatársico interno pequeno, rombo e comprimido; dorso liso ou granular, com 6-14 pregas longitudinais quebradas, ocasionalmente intercaladas com tubérculos lisos, ventre liso; os membros anteriores dos machos reprodutores são espessos, o primeiro dedo está inchado, com uma camada córnea aveludada castanho-acinzentada na sua base, sacos vocais azuis situados nos lados da garganta.

Cor:

Dorso verde-azeitona, azeitona ou cinzento, com manchas escuras, uma linha vertebral amarela clara, raramente ausente; uma linha cantal escura e uma linha labial mais clara frequentemente presentes; membros com barras escuras, que podem partir em manchas escuras; coxas posteriormente marmoreadas de preto e amarelo; uma linha amarela fina ao longo da superfície superior da coxa, outra na face interna da barriga da perna. Ventre branco, por vezes com fraca pigmentação na garganta (Khan e Tasnim, 1987).

O girino de *Holobatrachus tigerinus* tem um corpo cilíndrico, que não se projecta para fora; a cauda é musculada, quase tão larga como o corpo, as barbatanas são estreitas e paralelas, a ponta da cauda é agudamente pontiaguda. Disco oral anterior, com bordo não papilado. Lábio posterior extensível numa ventosa adicional pós-disco. Bico forte, a metade pré-bucal é fortemente serrilhada, produzindo medialmente um dente serrilhado longo, enquanto a metade pós-bucal é afiada, não serrilhada, com um recesso mediano para receber o dente mediano da metade pré-bucal. A fórmula da fila de dentes labiais é 5(4)/5(3); a disposição dos dentes é bisseriada. Um dente é um corpo cilíndrico de 0,3-0,4 mm de comprimento, com um afunilamento gradual em direção à ponta aguda (Khan, 1991, 1996).

O girino é predominantemente carnívoro e alimenta-se principalmente de girinos simpátricos e de corpos de animais afogados (Khan, 1996). Tem hábitos bentónicos, os olhos e as narinas estão colocados dorsalmente. Persegue a sua presa, deitada no fundo da água, lançando-se para a apanhar com as suas poderosas mandíbulas. Os melanóforos concentram-se logo abaixo dos olhos e ao longo das faces dorsolaterais do corpo; a cauda e as barbatanas são salpicadas de preto e a ponta da cauda é fortemente pigmentada. Comprimento total do girino 40-43 mm, cauda 23-26 mm.

Distribuição e Habitat:

Bangladesh, Índia (todo o país exceto Meghalaya), Nepal, Paquistão, Sri Lanka. Introduzida: Madagáscar.

Distribuição em Rajasthan: Dungarpur, Banswara, Udaipur, Sirohi, Bharatpur, Alwar, Dausa, S. Madhopur, Nagore, Ganganagar

A rã-touro é a rã mais comum das planícies indo-gangéticas. Frequenta sobretudo áreas cultivadas e terrenos baldios pantanosos. No Paquistão, não se estende até ao Baluchistão, mas foi registada no Afeganistão, perto da passagem de Khyber (Kullmann, 1974).

História de vida, abundância, atividade e comportamentos especiais: *A Holobatrachus tigerinus* é a maior rã das planícies paquistanesas. Hiberna enterrando-se no solo durante o inverno e também durante a seca. A atividade reprodutora está principalmente confinada às monções. Os machos reprodutores são de cor amarelo-limão, daí serem designados localmente por "Basanti Dadoo", enquanto as fêmeas permanecem baças e de cor escura. Os sacos vocais azuis profundos do macho são proeminentes contra a cor branca amarelada da garganta do macho. O chamamento é um forte som nasal "Cronk, cronk, cronk", que por vezes soa como "oong wang, oong wang, oong wang" repetido várias vezes. Os machos que chamam sentam-se perto uns dos outros em águas pouco profundas, saltando de vez em quando uns sobre os outros. As fêmeas andam de um lado para o outro. Uma que caia no raio de ação de um macho é agarrada por este num aperto ampelético, com os vizinhos a saltarem rapidamente para cima do par e a tentarem desalojá-los, o que dá início a muita luta, empurrões e puxões. De alguma forma, o casal muda-se para um local mais calmo, onde os ovos grandes (2,5-2,8 mm de diâmetro) são postos em vários grupos, cada ovo envolto numa dupla camada de gelatina. Os ovos prendem-se rapidamente às folhas de relva e afundam-se frequentemente na água.

O Holobatrachus tigerinus alimenta-se vorazmente; tudo o que está em movimento é saltado e engolido. Se necessário, utiliza os membros anteriores para empurrar alimentos maiores para a boca. Para além de uma grande variedade de insectos, alimenta-se de uma grande variedade de objectos: ratos, musaranhos, rãs jovens, minhocas, lombrigas, cobras juvenis e pequenas aves. São registadas matérias vegetais e vários objectos estranhos no seu estômago (Khan, 1973).

A rã não permanece na água durante muito tempo; passa a maior parte do tempo a esconder-se e a alimentar-se na vegetação circundante. Quando se aproxima do perigo, mergulha em águas profundas, permanece debaixo de água durante 2-3 minutos e depois regressa calmamente à vegetação marginal sem ser detectada. Em charcos de água límpida, esconde-se debaixo do cascalho do fundo.

O número de cariótipo registado para esta espécie é 26 (Natarajan, 1958).

FÍGADO

O fígado é um dos maiores, mais importantes e menos apreciados órgãos do corpo. A maior parte do fígado é constituída por hepatócitos, que são células epiteliais com uma configuração única.

O fígado é essencialmente uma glândula exócrina que segrega bílis para o intestino. Mas o fígado é também significativamente uma glândula endócrina e um filtro de sangue. O fígado tem uma diversidade de funções não tipicamente associadas a glândulas. O fígado é uma fábrica metabólica, sintetizando e decompondo uma variedade de substâncias. Formação e secreção de bílis. As funções associadas do fígado são:

- Armazenamento de glicogénio, tampão para a glicose no sangue.
- Síntese da ureia.
- Metabolismo do colesterol e das gorduras.
- Síntese e secreção endócrina de muitas proteínas plasmáticas, incluindo factores de coagulação.
- Desintoxicação de muitas drogas e outros venenos.

- Limpeza das bactérias do sangue.
- Processamento de várias hormonas esteróides e vitamina D.
- Reservatório de volume para o sangue.
- Catabolismo da hemoglobina dos glóbulos vermelhos desgastados.

Grande parte da organização do fígado é condicionada pelo seu papel central na remoção de materiais indesejados do sangue e na manutenção da composição normal do sangue (Arora, 2002).

O fígado recebe um fornecimento vascular duplo.

1. A veia porta hepática traz para o fígado todo o sangue que passou anteriormente pelo intestino e pelo baço.
2. A artéria hepática traz sangue fresco e oxigenado da aorta.

O sangue venoso portal proveniente do intestino e do baço e o sangue arterial proveniente da aorta misturam-se nos sinusóides hepáticos antes de deixarem o fígado na veia hepática.

Metamorfose em anfíbios:

A metamorfose dos anfíbios é um processo complexo regulado por uma série de processos externos (ambientais) e internos (hormonais). Os factores ambientais dão início a uma sequência de eventos bioquímicos que causam a metamorfose dos anfíbios da morfologia larvar para a morfologia adulta. Alguns dos factores ambientais que regulam a taxa de metamorfose incluem a temperatura (Hayes et al., 1993), os níveis de alimento (Kupferburg et al., 1994), as densidades de girinos com presença de predadores (Semlitsch e Caldwell, 1982) e as taxas de evaporação do tanque (Denver et al., 1998). A taxa de metamorfose da rã é acelerada pelo aumento da temperatura, diminuição da comida, superlotação, evaporação do tanque e aumento da predação (Hayes, 1997).

O momento da metamorfose tem um grande impacto na aptidão do anfíbio adulto. As rãs que se metamorfoseiam num tamanho maior têm mais probabilidades de sobreviver e, por conseguinte, de se reproduzir. No entanto, para se metamorfosearem num tamanho maior, os anfíbios têm de permanecer mais tempo na fase larvar e arriscam-se a que os recursos diminuam ainda mais (Altwegg e Reyer 2003). As rãs que se metamorfoseiam num tamanho mais pequeno têm a vantagem de obter uma nova fonte de alimento e recursos primeiro, mas as que se metamorfoseiam num tamanho maior estão mais aptas e são capazes de competir com os anfíbios mais pequenos (Denver et al., 1998). Assim, a altura em que um anfíbio sofre a metamorfose é crítica. Se a metamorfose ocorrer demasiado cedo, os anfíbios serão pequenos e incapazes de competir na forma adulta; no entanto, se a metamorfose for demasiado tardia, o anfíbio arrisca-se a que os recursos na fase larvar se esgotem antes de poder sair.

Metamorfose do fígado:
O fígado é de particular interesse para este estudo devido às alterações funcionais e físicas que podem ocorrer durante a metamorfose. Uma mudança funcional que ocorre é o aumento da produção de proteínas.

Nos girinos, antes e durante a metamorfose, o fígado é o local da eritropoiese, a formação de glóbulos vermelhos, mas nas rãs adultas a medula óssea é o local da eritropoiese. O fígado contém uma percentagem mais elevada de glóbulos vermelhos imaturos do que a que se encontra no sangue dos girinos pré-metamórficos. Durante o clímax da metamorfose, as células eritróides maduras estão presentes em grande número no fígado e o número de células eritróides imaturas no sangue aumenta (Maniatis e Ingram, 1971). Seria de esperar que a transição da eritropoiese do fígado para a medula óssea ocorresse durante a metamorfose, uma vez que a eritropoiese ocorre apenas na medula óssea em rãs adultas.

A descoberta reconhece que a eritropoiese ocorre na medula óssea após os estádios larvares, mas não é claro em que momento ocorre esta transição do fígado para a medula óssea.
O fígado recebe mais de 25% do débito cardíaco total em repouso e é responsável por mais de 20% do consumo de oxigénio em repouso do organismo.

O fígado está organizado em lóbulos que têm a forma de prismas poligonais. Cada lóbulo é tipicamente hexagonal em secção transversal e está centrado num ramo da veia hepática (chamada, logicamente, de veia central).
Dentro de cada lóbulo, os hepatócitos estão dispostos em cordões hepáticos separados por sinusóides adjacentes.

O endotélio fenestrado que reveste os sinusóides fica imediatamente adjacente aos cordões, sem membrana basal e praticamente sem tecido conjuntivo interveniente, de modo que cada hepatócito é banhado em duas faces pelo plasma sanguíneo.
Embora o fígado seja uma glândula exócrina (com o ducto biliar a conduzir ao intestino), as células do fígado não estão organizadas em ácinos ou túbulos secretores. Em vez disso, os hepatócitos formam cordões lineares, dentro dos quais uma rede de canalículos biliares fornece passagem através de canais intercelulares para os ramos mais próximos do ducto biliar.
Esta notável disposição dos tecidos parece otimizar os vários papéis do fígado como glândula exócrina, glândula endócrina e filtro de sangue.
Fornecimento vascular duplo:
Todo o sangue que passa pelo intestino e pelo baço chega ao fígado através da **veia porta hepática**. Este **sangue portal** transporta não só nutrientes, mas também vários contaminantes (medicamentos, toxinas dos alimentos, bactérias, produtos da reciclagem das células sanguíneas) que foram absorvidos através da mucosa intestinal ou produzidos no baço. O sangue da veia porta e da artéria hepática mistura-se nos sinusóides hepáticos e sai do fígado através da veia hepática. O parênquima de cada lóbulo pode ser dividido em zonas arbitrárias com base no fornecimento de oxigénio,

sendo a zona central (mais próxima da veia central) a mais pobre em oxigénio.

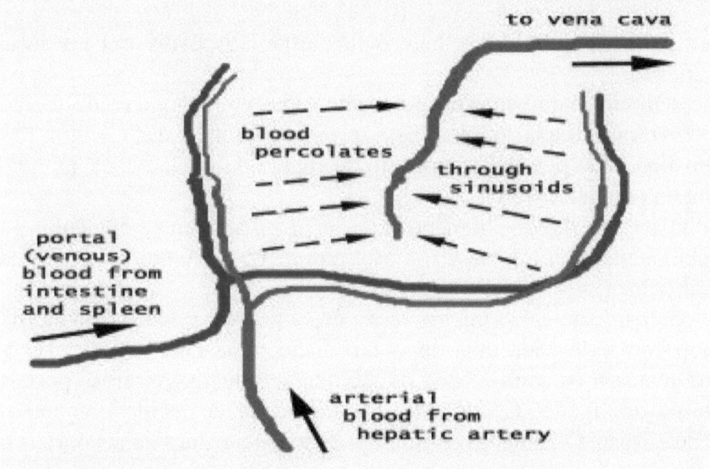

Este padrão de fluxo sanguíneo pode produzir diferenças visíveis na aparência dos hepatócitos. Por exemplo, o glicogénio é esgotado primeiro na periferia durante os períodos de jejum e depositado primeiro na periferia durante os períodos de banquete. Isto leva a um padrão de glicogénio que pode refletir a história nutricional recente.
Tanto a veia porta hepática como a artéria hepática ramificam-se paralelamente ao longo dos cantos dos lóbulos hepáticos, em regiões denominadas áreas portais.

Um ramo da veia hepática, denominado veia central, corre ao longo do eixo central de cada lóbulo. (Fraser e Fraser, 1890)

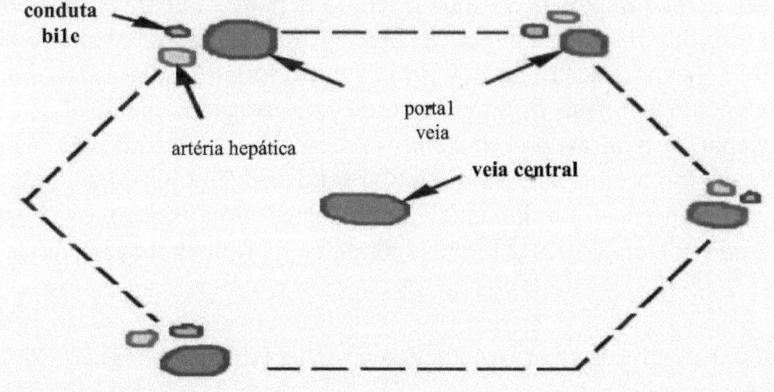

Organização dos lóbulos do fígado:

O fígado está organizado em lóbulos (lóbulos portais, lóbulos hepáticos) que têm a forma de prismas poligonais irregulares. Nos cantos entre lóbulos adjacentes encontram-se as chamadas zonas portais (canais portais, tríades portais). Estas são regiões de tecido conjuntivo que incluem ramos do ducto biliar, da veia porta e da artéria hepática.

Ao longo do eixo central de cada lóbulo corre uma veia central, que é um ramo da veia hepática.

Ocupando a maior parte do lóbulo, os hepatócitos estão dispostos em cordões, separados por sinusóides.

Os lóbulos aparecem muito claramente no porco, que tem um invólucro de tecido conjuntivo fibroso à volta de cada lóbulo. (Este tecido conjuntivo duro é uma das razões pelas quais o fígado de porco, ao contrário do fígado de vitela ou de galinha, não é um item de menu popular).

A organização lobular do fígado humano não é imediatamente evidente ao microscópio. Os lóbulos não têm limites distintos e raramente são cortados de forma nítida em secção transversal.

Para visualizar os lóbulos, localizar primeiro várias áreas portais, pequenas manchas de tecido conjuntivo contendo cada uma delas um ducto, uma veia grande e uma pequena artéria que marcam os cantos onde os lóbulos se juntam. As áreas portais representam o estoma do fígado. O aumento da quantidade de tecido conjuntivo portal é indicativo de cirrose. O aumento do número de leucócitos nas zonas portais é indicativo de hepatite.

Veias centrais: espaços conspícuos, sem tecido conjuntivo associado, localizados aproximadamente a meio caminho entre as áreas portais. Estas veias centrais marcam os centros dos lóbulos.

A ausência de uma drenagem venosa adequada conduz a uma congestão passiva crónica.

- Como descrito acima, um lóbulo hepático engloba o tecido hepático que é servido por um único ramo de uma veia central (que é um ramo da veia hepática). O lóbulo é tipicamente hexagonal em secção transversal, com uma veia central no seu centro e áreas portais nos seus cantos periféricos.
- Em contraste, um acinus hepático engloba o tecido hepático que é servido por um único ramo terminal da artéria hepática. Estes pequenos vasos estendem-se para fora das áreas portais, ao longo dos limites entre lóbulos adjacentes. Um ácino tem tipicamente a forma de um diamante em secção transversal, com uma arteríola hepática a atravessar o centro e com veias centrais nos dois cantos opostos. O ácino inclui porções triangulares de dois lóbulos adjacentes.
- Não existe uma diferença fundamental entre estes dois conceitos; eles simplesmente focam a atenção em diferentes aspectos da vasculatura hepática.
-

Cordões hepáticos:

A maior parte do fígado é constituída por hepatócitos epiteliais dispostos em cordões, separados por sinusóides vasculares.

Os cordões de hepatócitos representam o parênquima do fígado. As neoplasias apresentam uma arquitetura anormal do parênquima hepático.

Em secção, os cordões hepáticos parecem lineares (daí o nome, "cordão"). No entanto, estes não são realmente cordões de células; são mais como folhas intrincadamente ramificadas e interligadas que se estendem paralelamente ao longo eixo do lóbulo e irradiam para fora do seu centro.

O conceito estrutural de cordões epiteliais deve ser contrastado com o de túbulo e de ácino.

Um cordão é constituído por hepatócitos. Cada hepatócito está ligado aos seus vizinhos a toda a volta e está virado para os sinusóides em cada extremidade.

Os sinusóides são espaços vasculares revestidos por um endotélio fenestrado (ou seja, um endotélio cheio de orifícios de fenestra). Este endotélio não tem uma membrana basal subjacente. Por conseguinte, as fenestrações permitem que o plasma sanguíneo seja lavado livremente sobre as superfícies expostas dos hepatócitos no espaço de Disse.

O espaço entre o endotélio e os cordões é designado por espaço de Disse. A sua localização é a do tecido conjuntivo e contém uma rede de fibras reticulares (colagénio tipo III) que mantêm os hepatócitos unidos. Mais significativamente, uma vez que as fenestrações do endotélio permitem a livre circulação do plasma sanguíneo, o "fluido intersticial" do espaço de Disse é o plasma sanguíneo. Assim, para todos os efeitos práticos, os hepatócitos residem em contacto direto com o sangue. Os canalículos biliares, formados pelas superfícies apicais dos hepatócitos adjacentes, formam uma rede de pequenas passagens contidas em cada cordão.

O aspeto microscópico dos cordões e sinusóides pode variar acentuadamente, dependendo da qualidade da preparação histológica. Em alguns espécimes, os espaços sinusoidais são bastante evidentes. Noutros espécimes, os espaços sinusoidais são obliterados por hepatócitos inchados

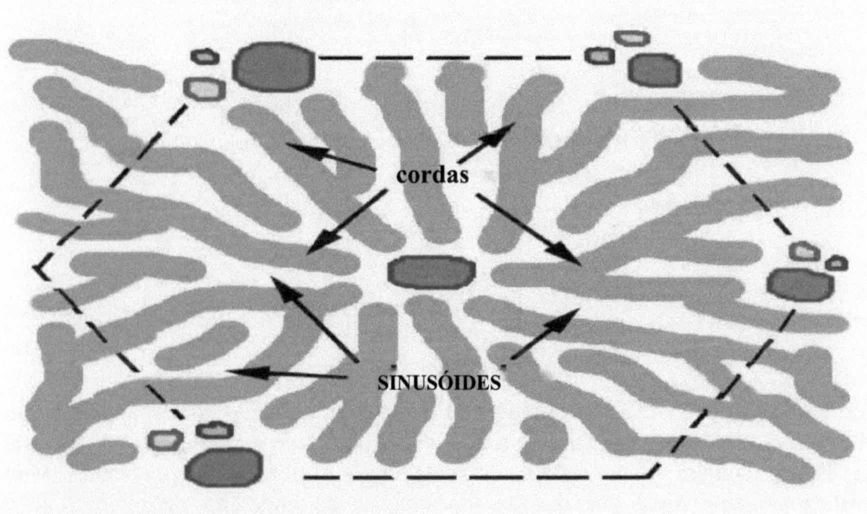

Sinusóides hepáticos e espaço de Disse:
O sangue da veia porta e da artéria hepática mistura-se nos sinusóides hepáticos e depois é drenado para fora do lóbulo através da veia central, um ramo da veia hepática.

O grande volume sinusoidal permite que o sangue sinusoidal "percolasse" e se associasse intimamente aos hepatócitos. Isto, por sua vez, dá tempo para uma

transferência eficiente de substâncias através da membrana do hepatócito.
Associadas aos sinusóides estão as células de Kupffer. Estes macrófagos hepáticos capturam e destroem eficazmente as bactérias que entram no sangue através do intestino.

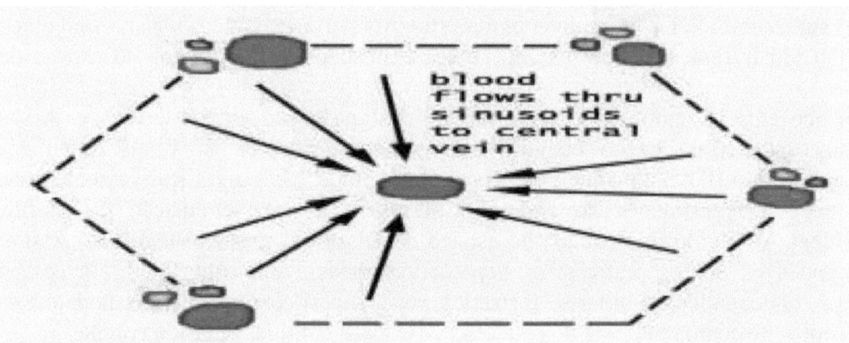

O endotélio que reveste os sinusóides hepáticos é *fenestrado* (ou seja, cheio de orifícios de *fenestra*) e não possui uma membrana basal. As fenestrações permitem que o plasma sanguíneo seja lavado livremente sobre as superfícies expostas dos hepatócitos através do espaço de Disse.

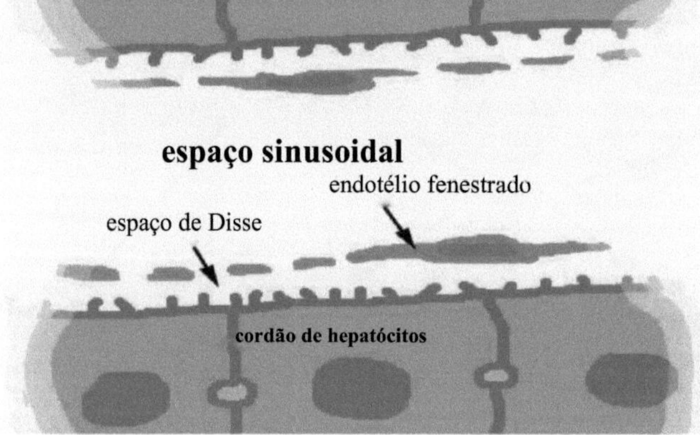

O espaço entre o endotélio fenestrado e os cordões é designado por espaço de Disse. A localização do espaço de Disse é a do tecido conjuntivo e, como seria de esperar, este espaço contém fibras reticulares (colagénio) e fibroblastos dispersos. Mais significativamente, uma vez que as fenestrações do endotélio permitem a livre circulação do plasma sanguíneo, o "fluido intersticial" do espaço de Disse *é o* plasma sanguíneo. Assim, para todos os efeitos práticos, os hepatócitos residem em contacto direto com o sangue. (Mudge, 1895).

Hepatócitos:
Os hepatócitos são as principais células funcionais do fígado e desempenham um número surpreendente de funções metabólicas, endócrinas e secretoras. Cerca de 80% da massa do fígado é constituída por hepatócitos.

Em três dimensões, os hepatócitos estão dispostos em placas que se anastomosam umas com as outras. As células têm uma forma poligonal e as suas faces podem estar em contacto com os sinusóides (face sinusoidal) ou com os hepatócitos vizinhos (faces laterais). Uma parte das faces laterais dos hepatócitos é modificada para formar os canalículos biliares. As microvilosidades estão presentes em abundância na face sinusoidal e projectam-se esparsamente nos canalículos biliares.

Os hepatócitos são excecionalmente activos na síntese de proteínas e lípidos para exportação. Como consequência destas actividades, o exame ultra-estrutural dos hepatócitos revela quantidades abundantes de retículo endoplasmático rugoso e liso. Em contraste com a maioria das células epiteliais glandulares que contêm um único organelo de Golgi, os hepatócitos contêm tipicamente muitas pilhas de membranas de Golgi. As vesículas de Golgi são particularmente numerosas na vizinhança dos canalículos biliares, reflectindo o transporte de constituintes da bílis para esses canais.

Outra função importante dos hepatócitos é a síntese e secreção de lipoproteínas de muito baixa densidade. Estes complexos são vistos em micrografias electrónicas como partículas densas em electrões no interior do retículo endoplasmático liso.

Outro tipo de partículas observadas em grandes quantidades no fígado é o glicogénio. O glicogénio é um polímero da glicose e a densidade dos agregados de glicogénio nos hepatócitos varia drasticamente consoante o fígado é examinado pouco tempo depois de uma refeição (glicogénio abundante) ou após um jejum prolongado (quantidades mínimas de glicogénio).

Anatomia do fígado e do trato biliar:
O fígado encontra-se na cavidade abdominal, em contacto com o diafragma. A sua massa está dividida em vários lóbulos, cujo número e tamanho variam consoante as espécies. Na maior parte dos mamíferos, encontra-se um saco csverdeado "a vesícula biliar" ligado ao fígado e um exame cuidadoso revela o ducto biliar comum, que conduz a bílis do fígado e da vesícula biliar para o duodeno.

A compreensão da função e disfunção do fígado, mais do que a maioria dos outros órgãos, depende da compreensão da sua estrutura. Os principais aspectos da estrutura hepática que requerem atenção detalhada incluem:

- **O sistema vascular hepático**, que tem várias características únicas em relação a outros órgãos
- **A árvore biliar**, que é um sistema de ductos que transporta a bílis do fígado para o intestino delgado
- **A disposição tridimensional das células do fígado**, ou hepatócitos, e a sua associação com os sistemas vascular e biliar.

O sistema vascular hepático:
O sistema circulatório do fígado é diferente do de qualquer outro órgão. De grande importância é o facto de a maior parte do suprimento sanguíneo do fígado ser sangue venoso. O padrão do fluxo sanguíneo no fígado pode ser resumido da seguinte forma:

- Cerca de 75% do sangue que entra no fígado é sangue venoso proveniente da veia porta. É importante notar que todo o sangue venoso que regressa do intestino delgado, do estômago, do pâncreas e do baço converge para a veia porta. Uma das consequências deste facto é que o fígado é o primeiro a receber tudo o que é absorvido no intestino delgado, que, como veremos, é onde praticamente todos os nutrientes são absorvidos. (Withers, e Hillman,. 2001.

- Os restantes 25% do fornecimento de sangue ao fígado são sangue arterial proveniente da artéria hepática.
- Os ramos terminais da veia porta hepática e da artéria hepática esvaziam-se juntos e misturam-se à medida que entram nos sinusóides no fígado dos anuros. Os sinusóides são canais vasculares distensíveis revestidos por células endoteliais altamente fenestradas ou "holey" e delimitados circunferencialmente por hepatócitos. À medida que o sangue flui através dos sinusóides, uma quantidade considerável de plasma é filtrada para o espaço entre o endotélio e os hepatócitos (o "espaço de Disse"), fornecendo uma fração importante da linfa do corpo.
- O sangue flui através dos sinusóides e esvazia-se na veia central de cada lóbulo.
- As veias centrais coalescem em veias hepáticas, que saem do fígado e desembocam na veia cava.

O sistema biliar:

O sistema biliar é uma série de canais e condutas que transportam a bílis - um produto secretor e excretor dos hepatócitos - do fígado para o lúmen do intestino delgado. Os hepatócitos estão dispostos em "placas" com as suas superfícies apicais viradas para os sinusóides e circundando-os. As faces basais dos hepatócitos adjacentes são unidas por complexos juncionais para formar canalículos, o primeiro canal do sistema biliar. Um canalículo biliar não é um ducto, mas sim o espaço intercelular dilatado entre hepatócitos adjacentes.

Os hepatócitos segregam bílis para os canalículos e estas secreções fluem paralelamente aos sinusóides, mas na direção oposta à do sangue. Nas extremidades dos canalículos, a bile flui para os ductos biliares, que são verdadeiros ductos revestidos por células epiteliais. Assim, os canais biliares começam muito perto dos ramos terminais da veia porta e da artéria hepática, e este grupo de estruturas é um marco importante e facilmente reconhecido nas secções histológicas do fígado - o agrupamento de canais biliares, arteríolas hepáticas e vénulas portais é designado por tríade portal.

A vesícula biliar é outra estrutura importante no sistema biliar de muitas espécies. Trata-se de uma estrutura semelhante a um saco, aderente ao fígado, que tem um ducto (ducto cístico) que conduz diretamente ao ducto biliar comum. Durante os períodos de tempo em que a bílis não flui para o intestino, é desviada para a vesícula biliar, onde é desidratada e armazenada até ser necessária.

Tecido hepático:

O fígado dos anuros é coberto por uma cápsula de tecido conjuntivo que se ramifica e se estende por toda a substância do fígado sob a forma de septos. Esta árvore de tecido conjuntivo fornece uma estrutura de suporte e a autoestrada ao longo da qual os vasos sanguíneos aferentes, os vasos linfáticos e os canais biliares atravessam o fígado. Além disso, as camadas de tecido conjuntivo dividem o parênquima do fígado em unidades muito pequenas, denominadas lóbulos.

O lóbulo hepático é a unidade estrutural do fígado. Consiste num arranjo

aproximadamente hexagonal de placas de hepatócitos que se irradiam para fora a partir de uma veia central no centro. Nos vértices do lóbulo estão distribuídas regularmente tríades portais, contendo um ducto biliar e um ramo terminal da artéria hepática e da veia porta. Os lóbulos são particularmente fáceis de ver no fígado de porco, porque nessa espécie eles são bem delimitados por septos de tecido conjuntivo que invaginam a partir da cápsula. **Regeneração do fígado:**
O fígado tem uma capacidade notável de se regenerar após uma lesão e de ajustar o seu tamanho ao do seu hospedeiro. No prazo de uma semana após a hepatectomia parcial, que, em contextos experimentais típicos, implica a remoção cirúrgica de dois terços do fígado, a massa hepática volta essencialmente ao que era antes da cirurgia. Algumas observações adicionais interessantes incluem: (Michalpoulos,and.De Frances Mc 1997).

- Nos poucos casos em que foram transplantados fígados de babuíno em pessoas, estes cresceram rapidamente até atingirem o tamanho de um fígado humano.
- Quando o fígado de um cão grande é transplantado para um cão pequeno, perde massa até atingir o tamanho adequado para um cão pequeno.
- Os hepatócitos ou fragmentos de fígado transplantados em locais extra-hepáticos permanecem quiescentes mas começam a proliferar após hepatectomia parcial do hospedeiro.

Este tipo de observações levou a uma investigação considerável sobre os mecanismos responsáveis pela regeneração hepática, uma vez que a compreensão dos processos envolvidos irá provavelmente ajudar no tratamento de uma variedade de doenças hepáticas graves e pode ter implicações importantes para certos tipos de terapia genética. A maior parte desta investigação foi realizada em ratos e utilizou o modelo de hepatectomia parcial, mas acumulou-se um conjunto substancial de provas confirmatórias em seres humanos.

A dinâmica da regeneração do fígado:
A hepatectomia parcial leva à proliferação de todas as populações de células do fígado, incluindo hepatócitos, células epiteliais biliares e células endoteliais. A síntese de ADN é iniciada nestas células dentro de 10 a 12 horas após a cirurgia e cessa essencialmente em cerca de 3 dias. A proliferação celular começa na região periportal (em torno das tríades portais) e prossegue em direção aos centros dos lóbulos. Os hepatócitos em proliferação formam inicialmente aglomerados, que logo se transformam em placas clássicas. Da mesma forma, as células endoteliais em proliferação desenvolvem-se no tipo de células fenestradas típicas das observadas nos sinusóides.

Aparentemente, os hepatócitos têm uma capacidade de proliferação praticamente ilimitada, tendo sido observada uma regeneração completa após 12 hepatectomias parciais sequenciais. É evidente que o hepatócito não é uma célula terminalmente diferenciada.

As alterações na expressão genética associadas à regeneração são observadas poucos minutos após a ressecção hepática. Uma série de factores de transcrição (NF-KB, STAT-3, Fos e Jun) são rapidamente induzidos e participam provavelmente na orquestração da expressão de um grupo de mitogénios hepáticos. Os hepatócitos em proliferação parecem reverter, pelo menos parcialmente, para um fenótipo fetal e exprimem marcadores como a alfa-fetoproteína. Apesar do que parece ser um compromisso maciço com a proliferação, os hepatócitos em regeneração continuam a desempenhar as suas funções metabólicas normais para o hospedeiro, como o apoio ao metabolismo da glucose.

Estímulos da regeneração hepática:

A regeneração hepática é desencadeada pelo aparecimento de factores mitogénicos em circulação. Esta conclusão foi originalmente apoiada por experiências que demonstraram que fragmentos quiescentes de fígado que tinham sido transplantados para locais extra-hepáticos começavam a proliferar pouco depois de uma hepatectomia parcial, e também que a hepatectomia num par de ratos parabióticos levava à proliferação hepática no outro par.

Como seria de esperar, a regeneração do fígado parece ser apoiada por um grupo de mitogénios e factores de crescimento que actuam de forma concertada em vários tipos de células. Alguns dos principais e bem estudados actores que actuam em conjunto neste processo incluem:

- Os níveis do fator de crescimento dos hepatócitos (fator de dispersão) aumentam para níveis elevados logo após a hepatectomia parcial. Este é o único fator testado que actua por si só como um potente mitogénio para hepatócitos isolados cultivados in vitro. Este fator é também de importância crítica no desenvolvimento do fígado, uma vez que as deleções alvo do seu gene levam à morte fetal por insuficiência hepática.
- TNF-alfa (TNF-α), que estimula a proliferação das células endoteliais hepáticas.
- Interleucina-6, que actua como mitogénio do epitélio biliar.
- Fator de crescimento epidérmico.
- A norepinefrina potencia a atividade mitogénica do EGF e do HGF.
- A insulina é necessária para a regeneração, mas parece desempenhar um papel mais permissivo do que mitogénico.

Os processos e sinais envolvidos na desativação da resposta regenerativa estão menos bem estudados do que os que a estimulam. O TGF-beta1, que é conhecido por inibir as respostas proliferativas nos hepatócitos, é uma citocina envolvida neste processo, mas sem dúvida que várias outras participam.

Funções metabólicas do fígado:

Os hepatócitos são super-responsáveis metabólicos no corpo. Desempenham um papel fundamental na síntese de moléculas que são utilizadas noutros locais para manter a homeostase, na conversão de moléculas de um tipo para outro e na regulação dos equilíbrios energéticos. Correndo o risco de condenar por elogios fracos, as principais funções metabólicas do fígado podem ser resumidas em várias categorias principais:

Metabolismo dos hidratos de carbono

É fundamental para todos os animais manter as concentrações de glucose no sangue dentro de um intervalo estreito e normal. A manutenção de níveis normais de glucose no sangue durante períodos de tempo curtos (horas) e longos (dias a semanas) é uma função particularmente importante do fígado.

Os hepatócitos alojam muitas vias metabólicas diferentes e empregam dezenas de enzimas que são alternadamente activadas ou desactivadas consoante os níveis de glicose no sangue estejam a subir ou a descer para fora do intervalo normal. Dois exemplos importantes destas capacidades são:

• O excesso de glicose que entra no sangue após uma refeição é rapidamente absorvido pelo fígado e sequestrado como um grande polímero, o glicogénio (um processo chamado **glicogénese**). Mais tarde, quando as concentrações sanguíneas de glicose começam a diminuir, o fígado ativa outras vias que levam à despolimerização do glicogénio (**glicogenólise**) e à exportação da glicose de volta para o sangue para ser transportada para todos os outros tecidos.

• Quando as reservas de glicogénio hepático se esgotam, como acontece quando um animal não come há várias horas, os hepatócitos desistem? Não! Reconhecem o problema e activam grupos adicionais de enzimas que começam a sintetizar glicose a partir de aminoácidos e hidratos de carbono sem hexose (**gluconeogénese**). A capacidade do fígado para sintetizar esta "nova" glucose é de uma importância monumental para os carnívoros, que, pelo menos na natureza, têm dietas praticamente desprovidas de amido.

Metabolismo das gorduras:

Poucos aspectos do metabolismo dos lípidos são exclusivos do fígado, mas muitos são realizados predominantemente pelo fígado. Os principais exemplos do papel do fígado no metabolismo dos lípidos incluem:

• O fígado é extremamente ativo na oxidação dos triglicéridos para produzir energia. O fígado decompõe muitos mais ácidos gordos do que os hepatócitos necessitam e exporta grandes quantidades de aceto-acetato para o sangue, onde pode ser recolhido e prontamente metabolizado por outros tecidos.

• A maior parte das lipoproteínas é sintetizada no fígado.

• O fígado é o principal local de conversão do excesso de hidratos de carbono e de proteínas em ácidos gordos e triglicéridos, que são depois exportados e armazenados no tecido adiposo.

• O fígado sintetiza grandes quantidades de colesterol e fosfolípidos. Uma parte destes elementos é agrupada em lipoproteínas e disponibilizada ao resto do organismo. O restante é excretado na bílis como colesterol ou após conversão em ácidos biliares.

Metabolismo das proteínas :

Os aspectos mais críticos do metabolismo das proteínas que ocorrem no fígado são:

• Desaminação e transaminação de aminoácidos, seguida da conversão da parte não nitrogenada dessas moléculas em glicose ou lípidos. Várias das enzimas utilizadas nestas vias (por exemplo, as alanina e aspartato aminotransferases) são normalmente analisadas no soro para avaliar a lesão hepática.

• Remoção do amoníaco do organismo através da síntese de ureia. O amoníaco é muito tóxico e, se não for rápida e eficazmente removido da circulação, resultará em doença do sistema nervoso central. Uma causa frequente desta encefalopatia hepática em cães e gatos são as malformações da irrigação sanguínea do fígado, denominadas shunts portossistémicos.

• Síntese de aminoácidos não essenciais.

- Os hepatócitos são responsáveis pela síntese da maioria das proteínas plasmáticas. A albumina, a principal proteína plasmática, é sintetizada quase exclusivamente pelo fígado. Além disso, o fígado sintetiza muitos dos factores de coagulação necessários para a coagulação do sangue.

Células de Kupffer:

As células de Kupffer (KCs) são macrófagos ancorados no endotélio sinusoide do fígado, sendo particularmente numerosas na área portal. As principais características que as distinguem das outras células sinusóides são a sua morfologia distinta, a presença de certas actividades enzimáticas, como a esterase inespecífica e a peroxidase endógena, a fagocitose e a pinocitose

(para a utilização do termo pinocitose); a presença de receptores membranares para a região Fc da IgG e para o complemento, e a sua corabilidade com anticorpos monoclonais específicos. Mas devido à sua reconhecida heterogeneidade (Ginsel, 1993), todos estes requisitos raramente são expressos em conjunto; por esta razão, a presença de pelo menos 3 das características acima mencionadas é considerada suficiente para caraterizar uma célula como um macrófago (Leenen & Campbell, 1993). Atualmente, as células KC estão incluídas no "sistema fagocitário mononuclear" (MPS, Van Furth et al. 1972). Os KC dos mamíferos, particularmente os do homem, são de interesse devido às numerosas funções importantes que podem desempenhar (para revisões, ver Leenen & Campbell, 1993; McCuskey, 1993; Turpin & Lopez-Berestein, 1993). A ultra-estrutura dos KCs dos mamíferos foi descrita e revista em várias publicações (Widmann et al. 1972; Wisse, 1972, 1974, 1980; Motta & Porter, 1974; Motta, 1975; Widmann & Fahimi, 1975; McCuskey & McCuskey, 1990; Naito et al. 1997). Por outro lado, o nosso conhecimento da estrutura e ultra-estrutura dos KCs dos anfíbios é muito limitado. Além disso, as excelentes revisões de Manning & Horton (1982) e Turner (1988) mostram que a literatura relevante para os Amphibia é largamente desprovida de estudos estruturais e ultra-estruturais no que diz respeito às funções imunológicas dos macrófagos. De um modo geral, os autores que estudaram a estrutura e a ultra-estrutura dos macrófagos dos anfíbios concentraram-se principalmente na sua atividade fagocítica (Fey, 1967; Turner, 1969; Campbell, 1970; Curtis et al. 1979; Zapata et al. 1982; Sichel et al. 1997; Guida et al. 1998). Como se sabe desde o século passado, no fígado dos ectotérmicos estão presentes aglomerados de células pigmentares, localizados principalmente nas zonas portais. Após numerosos estudos, pensamos que estas células, em Reptilia e Amphibia, derivam de KCs que se pigmentam progressivamente (para uma revisão, ver Sichel, 1988), e pudemos demonstrar, nomeadamente em Amphibia, que a pigmentação das KCs depende da sua capacidade de produzir melanossomas e de sintetizar melanina, e apenas em parte da fagocitose dos melanossomas (Sichel et al. 1997). O comportamento particular destas células (que são fagócitos profissionais, sensu Smythe, 1996, como as dos mamíferos e das aves) e que são também capazes de sintetizar melanina, bem como o desconhecimento geral sobre elas, levaram-nos a efetuar este estudo. O nosso objetivo é contribuir para o conhecimento da morfologia distinta dos KCs dos anfíbios, das suas capacidades pinocitóticas e fagocíticas, verificar a presença de esterase inespecífica e a atividade da peroxidase endógena para comparar KCs de animais ectotérmicos e endotérmicos.

CAPÍTULO -5

ÁREA DE ESTUDO

O Rajastão, o maior estado da Índia, tem uma área geográfica de 3,42,239 km2. O que representa 11% da área geográfica do país. Está situado na parte noroeste da União Indiana e situa-se entre 23º 30' e 30º 11' de latitude norte e 69º 29' e 78º 17' de longitude leste. As florestas do Rajastão estão distribuídas de forma desigual nas partes norte, sul, leste e sudeste. As florestas são maioritariamente florestas de clímax adapto-climático.

Um ambiente natural é um ambiente auto-renovável, auto-perpetuante e estável, no qual cada organismo contribui de alguma forma, por mais pequena que seja, para a estabilidade global. Nos ecossistemas naturais, as plantas e os animais evoluíram ao seu próprio ritmo e à sua maneira, sob a influência da seleção natural, para se adaptarem à constelação de determinados factores ambientais ou nichos. Neste processo, ajudam a sustentar os outros, cada espécie controlando o seu próprio crescimento populacional e, ao mesmo tempo, limitando o de outras espécies, de modo a que um equilíbrio ecológico razoável possa ser alcançado e mantido durante centenas de anos.

O tubo digestivo e os órgãos associados dos anfíbios são geralmente os primeiros aspectos da anatomia interna vistos pelos estudantes de biologia. Uma descrição geral do sistema digestivo dos anfíbios foi apresentada por Noble (1931). Uma descrição exaustiva da microestrutura e dos aspectos funcionais do sistema foi fornecida por Reeder (1964). Dois crescimentos glandulares do intestino médio embrionário são o fígado e o pâncreas. O fígado é bi-lobado nos anuros, alongado e por vezes emarginado nas salamandras e muito alongado e ligeiramente emarginado nas cecílias.

Há relatos de alguma dificuldade em manter o fígado de anfíbios em cultura de órgãos e em cultura de células. Simnett e Balls (1969) relataram que, em culturas de órgãos de fígado de *Xenopus* adulto jovem, havia uma necrose extensa em 3 dias e que não havia melhora.

MAPA DA ÁREA DE ESTUDO

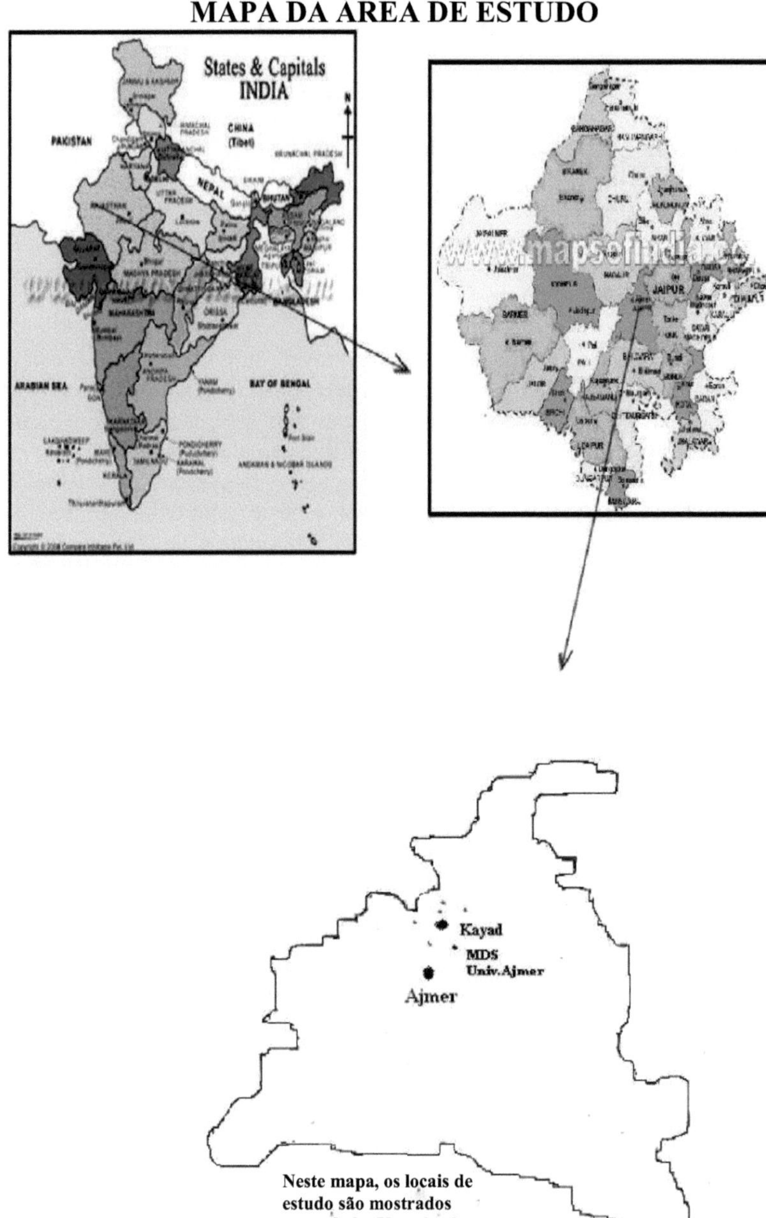

Neste mapa, os locais de estudo são mostrados perto de hy Kayad e da Universidade KIDS

PLACA-3

CAPÍTULO 6
OBSERVAÇÃO E RESULTADOS

IDENTIFICAÇÃO DA ESPÉCIE:

Os anfíbios encontrados no Rajastão são classificados da seguinte forma, utilizando as chaves de identificação prescritas para cada categoria taxonómica.

1   Os cordados deuterostómicos têm três caracteres fundamentais básicos: notocorda dorsal, em forma de bastonete, constituída por tecido conjuntivo mesodérmico, nervo tubular oco dorsal constituído por tecido ectodérmico e brânquia faríngea. Estes animais apresentam fendas na fase larvar.

Filo - Chordata

2   . A sua notocorda transforma-se no crânio anterior seguido da coluna vertebral.

Sub-filo - Vertebrata

1. Estes animais possuem mandíbulas e dentes.

Divisão- Gnathostomata

2. Estes animais possuem membros anteriores e posteriores emparelhados.
3. Respiração por um par de pulmões.

Super classe - Tetrapoda

1   Estes animais vivem tanto em habitats aquáticos como terrestres (anfíbios).
2. Poiquilotérmico.
3. A pele é húmida, provida de glândulas mucosas e desprovida de escamas, pêlos ou penas.
4. Ovos de mesolecitelo sem casca na água, onde são fertilizados externamente.
5. Dois côndilos occipitais nos vertebrados hábeis e um único sacro.

Classe amphibia- (linneus 1758)

1. Cauda menos anfíbios.
2. Os membros posteriores são mais compridos do que os membros anteriores.
3. A coluna vertebral é constituída por 5-9 (modalmente 8) vértebras pré-sacrais.

Ordem - anura (Refinesque 1815)

1. Pele áspera com tubérculos e verrugas espinhosas.
2. A pupila é horizontal, a língua sem mandíbula é piriforme.

3. Presença de glândulas parótidas visíveis por detrás do tímpano (tímpano).
4. Amplexos em axilas, ovos, depositados em forma de cordões.

Família - Bufonidae

1. Glândulas parótidas presentes.
2. Dedos livres, sem discos.

Género - *Bufo* (Laurenti1768)

1. Diâmetro do tímpano 2/3 dos dedos dos olhos ½ ou menos palmados.
2. Cabeça sem cristas ósseas, glândulas parotoides planas e elípticas.

Espécie - *andersoni*, Lutken 1862 (novo nome *Bufo stomaticus*, Lutken 1862)

1. Maxilar superior dentado, língua bífida e entalhada atrás.
2. Pele lisa e viscosa.
3. Pupila horizontal.
4. Membros posteriores longos, com membranas largas e dedos pontiagudos.
5. Aquáticas e semi-aquáticas

Família - Ranidae

1. Aluno horizontal.
2. Dentes vomerinos presentes.

Género - Rana, Linneus 1766

1. Pequena dimensão (até 6 cm do focinho até à ponta), pele verrugosa, uma única fila de verrugas porosas nos flancos, focinho arredondado, tubérculo metatársico interno semelhante a um dedo.

Espécie - *Cyanophlyctis* Schneider1799
(Novo nome *Euphlyctis cyanophlyctis* Dutta 1997)

2. Pele do dorso com pregas longitudinais, dedos dos pés completamente palmados.
3. Tubérculo metatársico interno comparativamente mais pequeno e rombo.
4. As cabeças sobrepõem-se quando as pernas estão dobradas em ângulo reto em relação ao corpo.

Espécie -*tigrina* Daudin 1803(Novo nome *Hoplobatrachus tigrinus* Dutta 1997)

Bufo stomaticus Lutken 1862

Bufo andersoni Lutken 1862 (*bufo stomaticus* Lutken 1862) 1883, *bufo andersoni* Boulenger Ann. Mag Nat. Histo, Londres(5) 12,p. 163.

1871 *bufo panthrinus* andersoni, p 203.

1890 *Bufo andersoni Boulenger*, fauna Brit. Ind., Londres, p, 504

1923 *Bufo andersoni Nieden*, Dasd.Tierrich, Aunura, Berlin p, 86

1943 *Bufo andersoni McCann*, J. Bombay nat.

1970 *bufo stomaticus*.Mansukhani e Murthi, Rec.Zool.Surrv. Índia,62 pp.51-60

1997 *Bufo stomaticus* Dutta p.51

Nome em inglês ....Marbled toad

Nome   HindiBhek

Nome Zoológico recente ***Bufo stomaticus Lutken* 1862**

Medidas - Comprimento médio do focinho à abertura (SLV) 30-70mm.

Características de diagnóstico: Duas características proeminentes podem distingui-la facilmente;

O primeiro dedo é mais comprido do que o segundo e não tem cristas ósseas na cabeça.

Descrição morfológica:
Cabeça mais larga do que comprida, focinho estreito e obtuso, cabeça sem crista óssea, tímpano distinto, verticalmente oval, próximo da margem posterior do olho. Glândulas parótidas em forma de rim, inchadas, mais compridas do que largas. Dedos pequenos, pontas dos dígitos arredondadas. A membrana é reduzida e limitada até à base da falange terminal dos dedos. Os machos adultos reprodutores apresentam um saco vocal subgular e almofadas nupciais na superfície dorsal do primeiro dedo.
Cor: É amarelo-pálido em vida, mas a cor pode variar em espécimes conservados (em álcool a 70%). A cor dorsal varia entre o amarelo e o castanho-claro, com manchas castanho-escuras (que é a cor de fundo) e a ventral é esbranquiçada, com algumas manchas escuras na parte posterior do tronco e nas coxas.
Dimorfismo sexual: As fêmeas são maiores do que os machos do mesmo grupo etário. Os machos desenvolvem manchas negras cornificadas na face interna do primeiro e segundo dedos durante a época de reprodução.
Habitats: Esta espécie é terrestre, nocturna e escava em solos arenosos ou húmidos durante o verão. Preferem zonas semi-áridas a secas. São mais ágeis do que outras espécies de sapos encontradas no estudo.
Durante o dia, escondem-se debaixo de pedras ou em fendas.
Chamadas:-Estas emitem um "trill" caraterístico, alto e monótono, frequentemente à noite durante a época de reprodução. O som do chamamento é semelhante a "cro......ooo ro ro ro"; o saco vocal é insuflado durante o chamamento.
Comportamento alimentar:- São insectívoros, alimentam-se durante a noite e alimentam-se de insectos vivos. Também comem minhocas e outros vermes.
Características ecobiológicas: - Esta espécie é relativamente rara e mais comum nas zonas mais secas da área de estudo, onde o solo solto e os arbustos
A população de Ranidae é muito numerosa nas proximidades das habitações humanas. A sua postura é feita mais cedo do que a de outras espécies de ranídeos e microhylídeos. *O Bufo melanostictus* reproduz-se em simultâneo. Não tolera temperaturas elevadas e hiberna. São vistos durante um curto período de tempo em março e voltam a estar em estivação.
Rana cyanophlyctis **(Schneider,1799)**
1799 *Rana cyanophlyctis* Schneider,Hist.Amph.Jena I p137
1852. *Rana bengalensis* Kelaart,p192
1841. *Rana leschnaultii* Dumeril e Bibron p,342
1860. *Dicroglossus adolfi*, Gunther p,28
1920 *Rana cyanophlyctis* Boulengs ,rec. Índia Sra. Calcutá 12 ,p.30
1943. *Rana cyanophlyctis* Mc Cann, J Bombay Nat. Hist.Soc. Bombay 43p.206
1970 *Rana cyanophlyctis* Mansukhani e Murthy Rec. Zool. Survey p.57-60
1986 *Occidozyga cyanophlyctis* Dubois,p59
1992 *Euphlyctis cyanophlyctis* Dubois p314-315
Nome inglês : Indian skipper frog , water skipper
Nome Hindi : Mendhki
Nome Zoológico recente -Euphlyctis *cyanophlyctis* **(Schneider,1799)** Medições - O

comprimento médio do focinho até à abertura do respiradouro é de (SLV) 50-60mm (machos) e 52-71mm (fêmeas)

Características de diagnóstico: - É uma rã aquática de tamanho médio, que pode ser distinguida de outras rãs relacionadas por ter a garganta lisa.

O primeiro dedo é igual ao segundo dedo.

Descrição morfológica: - cabeça mais comprida do que larga. Focinho obtusamente pontiagudo. As narinas estão colocadas equidistantes dos olhos e da ponta do focinho.

O tímpano é bem visível, de forma arredondada e colocado ligeiramente abaixo dos olhos. O maxilar superior tem dentes finamente pontiagudos; dentes vomerinos em dois grupos. Dedo (do membro superior) livre, o primeiro dedo é igual ao quarto. O terceiro dedo é o mais comprido.

Dedos totalmente palmados e com membranas largas até às pontas. O comprimento relativo dos dedos é de 1<2<3<5<4. A face ventral é lisa. Os machos adultos reprodutores possuem dois sacos vocais externos. As almofadas nupciais são menos desenvolvidas do que noutras espécies do género Rana. Encontram-se na base e no lado interior do primeiro dedo e têm uma textura aveludada.

Cor:- A cor dos espécimes vivos é castanho-escura dorsalmente, com manchas arredondadas mais escuras no dorso e faixas nos membros, enquanto a dos espécimes conservados (em formol) é mais escura. Estão sempre presentes duas estrias castanhas escuras na parte posterior das coxas. Os membros apresentam manchas castanhas escuras (nunca bandas cruzadas). Os sacos vocais brancos da face ventral são de cor preta.

Dimorfismo sexual :- Os machos são muito mais pequenos e muito activos do que as fêmeas. Os machos têm o saco vocal branco-azulado mais desenvolvido nas épocas de reprodução. Os machos reprodutores têm uma almofada nupcial no primeiro dedo indicador Hábito: - A espécie é diurna e nocturna, ou seja, permanece ativa tanto de dia como de noite. É uma espécie aquática e passa quase todo o seu tempo na água, saltando a atividade à superfície. São ágeis, mas flutuam passivamente à superfície da água, com os membros posteriores estendidos para os lados. Mergulham ou saltam quando são perturbados ou sentem perigo. Podem viver facilmente em esgotos e valas de água suja. São muito vocais ao longo de todo o ano e, sobretudo, produzem sons estridentes nas épocas de reprodução. Dominam o coro dos sapos machos nos charcos de água da chuva.

Chamadas:

Os chamamentos são muito típicos e podem ser ouvidos ao longo de todo o ano, mesmo depois de terminada a época de reprodução. Trata-se de uma série de notas agudas e sonoras, Kit-ti-ti-ti-ti-ti-ti-ti-ti-ti-ti-tit, seguidas de Kuluk; e krik; este último (Kuluk Krik) é ouvido quando os machos rivais se perseguem na água.

Alimentação: - É uma espécie insectívora que se alimenta de insectos aquáticos como os escaravelhos e os que se aproximam das massas de água, alimentando-se tanto de dia como de noite, pois são espécies diurnas e nocturnas, estando activas tanto de dia como de noite.

Características ecobiológicas: É uma espécie de rã aquática. A espécie é uma das mais amplamente distribuídas e é a espécie mais comum de Ranidae. A espécie é encontrada em florestas, campos agrícolas, tanto em massas de água permanentes como temporárias, perto de habitações humanas. Pode ser ouvida e observada mesmo em esgotos à beira da estrada e pode ser encontrada em pequenos tanques de jardim ou em quaisquer áreas permanentes com água. Esta espécie é resistente e apresenta uma vasta gama de tolerância e adaptabilidade a vários parâmetros ecológicos, reproduzindo-se quase todo o ano. São recolhidos em água doce e poluída, mesmo em esgotos a céu aberto. A temperatura varia entre 15 e 40° C. Na natureza, reproduzem-se pelo menos duas vezes por ano, na monção e em março. Foram recolhidos em águas com pH entre 6,7 e 10,8. A alcalinidade varia de 72 a 883 mg|l e a de cloreto de 22 a 128 mg|l. Toleram um certo grau de salinidade e alcalinidade. A espécie é uma das rãs mais importantes para algumas das populações tribais da área de estudo, que utilizam as rãs de pequeno tamanho como fiança para a pesca e para uso medicinal.

Rana tigerina (Duadin 1803)

1803 .*Rana tigerina* Duadin ,Hist.,Rain.greu. crop. P. 64. p. 20

1834 Lição de *Rana branaa*,p.329

1829. *Rana carcrirova* (parte) Gravenhorst p. 41

1835 *Rana viltigera* (parte) wiegmann, p 225

1852 *Rana malabarica* Kelart p.191

1970 *Rana tigrins* (Dandin) Boulenger, rec. Indian Mus ,20 P 17-23

1975 *Rana tigrins* Dandin,Menon Tripura Disst Gazetteers p 51

1986 *Limnonectes* (hoplobatrachus) *tigerinus*. Dubois P 60

1992 *Limnonectes tigerinus* Dutta 1992 p.7

1992 *Haplobatrachus tigerinus* Dubois, p315.

Nome em inglês: Rã-touro indiana

Nome em hindi: Mendhak , Manduk.

Nome Zoológico recente: - ***Haplobatrachus tigerinus*** (Dubois 1803) **Medição:-** É a maior espécie do presente estudo. Comprimento médio da abertura do focinho (SLV)

O comprimento do macho adulto é de 80 a 123 mm e o da fêmea adulta é de 78 a 187 mm.

Características diagnósticas: - Esta é a maior espécie de renídeo encontrada na área de estudo. O comprimento das aberturas do focinho dos machos varia entre 80 mm e 123 mm e o das fêmeas entre 78 e 187 mm. Os membros são mais compridos e musculados do que os das espécies de ranídeos semelhantes.

Descrição morfológica: - A cabeça é mais comprida do que larga, o focinho é obtusamente pontiagudo quando visto lateralmente. As narinas estão situadas mais perto da ponta do focinho. O maxilar superior é provido de dentes finamente pontiagudos e os dentes vomerinos estão divididos em dois grupos. O tímpano é distinto e arredondado. Os dedos são livres; o primeiro dedo é mais comprido do que o segundo. As pontas dos dedos são obtusamente pontiagudas e os dedos dos pés têm membranas largas e completas. A pele dorsal é lisa e com numerosas cristas longitudinais ininterruptas (pregas). Verrugas grandes e arredondadas encontram-se dispersas no dorso e na face lateral do membro posterior. Durante a época de reprodução, a almofada nupcial está presente na base do primeiro dedo de ambos os membros anteriores. A espécie apresenta uma grande variedade de variações morfológicas entre diferentes populações.

Cor: A cor dorsal é castanho-esverdeada (no álcool) e a ventral é amarelo-creme. A maioria dos espécimes capturados apresenta uma linha ventral média branco-amarelada desde a ponta do focinho até à abertura, ao longo do dorso. O corpo é amarelo vivo durante a corte e o acasalamento no início da monção.

Dimorfismo sexual: As fêmeas são maiores do que os machos da sua idade, os machos são mais magros e mais activos do que as fêmeas, os sacos vocais são proeminentes e de cor azul a violeta brilhante. Apenas nos machos, a almofada nupcial do dedo indicador do macho é grande, completamente desenvolvida, de textura melosa e aveludada, e de cor castanha escura a preta

Hábitos: - A espécie é nocturna, semi-aquática e boa nadadora. Permanece escondida entre ervas, arbustos e buracos perto de lagoas, etc. Quando pressentem o perigo, saltam para a água e nadam debaixo de água durante uma distância considerável, podendo permanecer submersos durante muito tempo. São criaturas solitárias por natureza e só se agregam durante a época de reprodução junto a charcos ou poças de água da chuva. Quando está demasiado calor durante a estação das monções, escondem-se em locais subterrâneos (lama). Escondem-se em locais subterrâneos (por exemplo, tocas, fendas, etc.) durante a estação seca.

Chamadas:-
Os chamamentos de *Rana tigerina* são muito típicos, altos, profundos e graves, e podem ser ouvidos à distância. O chamamento é um "ooong" profundo e um conjunto regular de notas semelhantes, que soa a "quonk-quonk". **Comportamento alimentar**: As rãs-touro são insectívoras de grande porte, mas por vezes tornam-se canibais, comendo uma variedade de alimentos carnívoros e capturando ativamente presas vivas. Estas rãs alimentam-se durante a noite.
Características ecobiológicas:-Esta é uma espécie comum de ranídeos, a espécie é encontrada em pântanos, poças de água doce, reservatórios, etc. e são frequentemente vistos em corpos de água temporários à beira da estrada na estação chuvosa. Esta espécie prefere condições ecológicas moderadas como temperatura, pH, alcalinidade e cloretos, vive e reproduz-se em corpos de água onde o pH é 7-8,3, a alcalinidade é 20-120 mg|l e os cloretos são 3 a 27 mg/l.

Fig. A. Vista dorsal de *Bufo stomaticus*.

Fig. B. Vista ventral de *Bufo stomaticus*.

PLACA-4

Fig. A. Vista dorsal de *Euphlyctis cyanophlyctis*.

Fig. B. Vista ventral de *Euphlyctis cyanophlyctis*.

PLACA-5

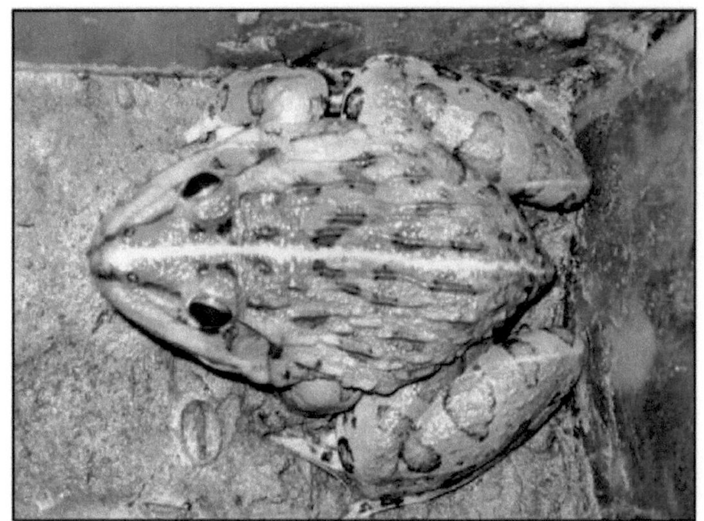

Fig. A. Vista dorsal de *Hoplobatrachus tigerinus*

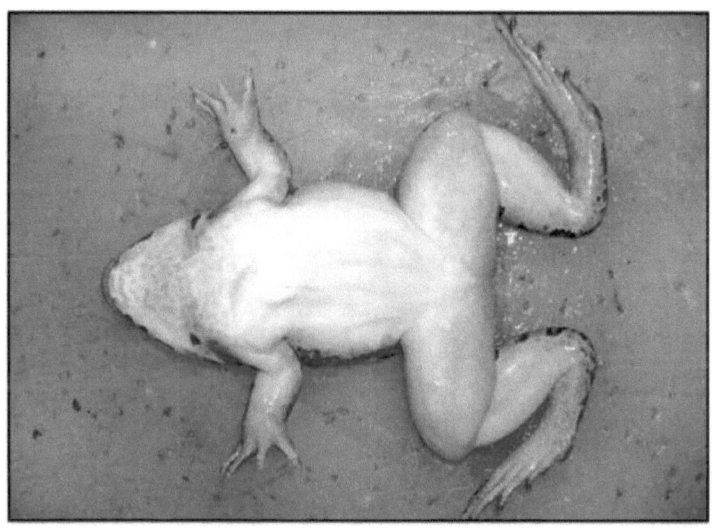

Fig. B. Vista ventral de *Hoplobatrachus tigerinus*.

PLACA-15

Fig. A. Habitat de *Bufo stomaticus*.

Fig. B. Habitat de *Hoplobatracuhus tigerinus*.

Fig. C. Habitat de *Euphlyctis cyanophlyctis*.
PLACA-7

S.N.	Data de recolha das especificações	Sexo	Peso corporal t (gm)	Medida do fígado (mm)			Peso do fígado (gm)
				L1	L2	R	
				C x L x T	C x L x T	C x L x T	
1	7/5/08	F	13.8	10,5x 5,5 x 2.10	8,3x4,2 x 2.10	13,10x6,5x 3.10	0.3
2	5/6/08	M	8.6	9,25x 5,10x2,5	Não bifurcar	8,0x5,40x 2,15	0.1
3	7/6/08	M	15.2	10.85x 5.8x2.50	8,5x4,5x2,3	14,21x7,1x 3.21	0.4
4	10/6/08	M	20.1	10,9x5,87x2,65	8,7x4,6x2,5	15,75x7,5x3,5	0.5
5	15/6/08	M	36.7	11,1x5,98x2,72	8,85x4,7x2,67	16,1x7,7x3,7	0.6
6	15/6/08	M	40.1	11,2x6,0x2,7	8,9x4,8x2,7	16,2x7,8x3,2	0.6

As abreviaturas acima indicam:

> F- Mulher
> M-Masculino
> Comprimento L
> Largura W
> Espessura T
> L1-Lóbulo esquerdo do fígado
> L2-Lóbulo esquerdo do fígado
> R-Lóbulo direito do fígado

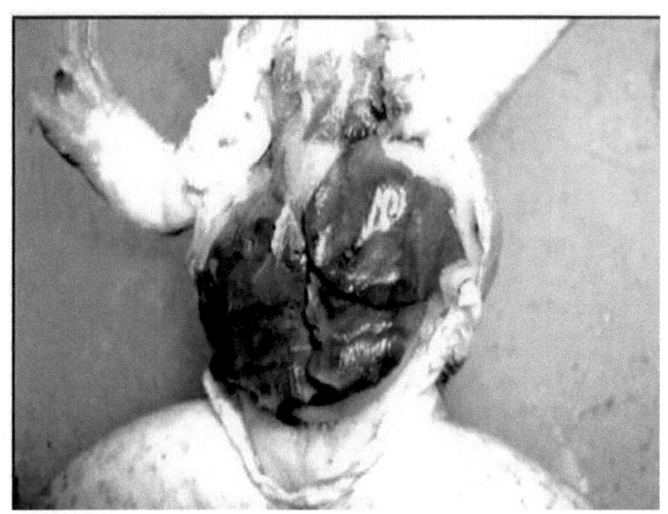

Fig. A. Localização do fígado em *Bufo stomaticus*.

Fig. B. Anatomia completa do fígado de *Bufo stomaticus*.
PLACA-8

Quadro 3: Medição do fígado de *Hoplobatrachus tigerinus*

S.N.	Data de colheita do espécime s	Sexo	Peso corporal (gm)	Medida do fígado (mm)			Peso do fígado (gm)
				L1	L2	R	
				C x L x T	C x L x T	C x L x T	
1	7/5/08	M	137.6	10.0x7.35x 3.10	9,28x7,20x2. 15	18,7x15,45x 4.5	1.1
2	30/5/08	F	65.3	14,47x9,10x 3.50	13,60x10,25x 0,45	16,9x13,5x 3.10	1.0
3	30/5/08	M	37.3	13,85x 8,85x 2.95	Não bifurcar	14,25x12,82 x 2,5	0.7
4	12/6/08	M	50.5	14,21x8,92x 3.12	13.10x10.1x3 .21	15,1x13,2x 2.90	0.9
5	15/6/08	M	100.2	10,45x6,75x 2.0	9,5x7,1x2,9	17,1x15,10x 4.1	1.1
6	18/6/08	M	150.2	10,5x6,8x2,1	9,7x7,2x3,0	17,2x15,5x4 .2	1.2

As abreviaturas acima indicam:

> F- Mulher
> M-Masculino
> Comprimento L
> Largura W
> Espessura T
> L1-Lóbulo esquerdo do fígado
> L2-Lóbulo esquerdo do fígado
> R-Lóbulo direito do fígado

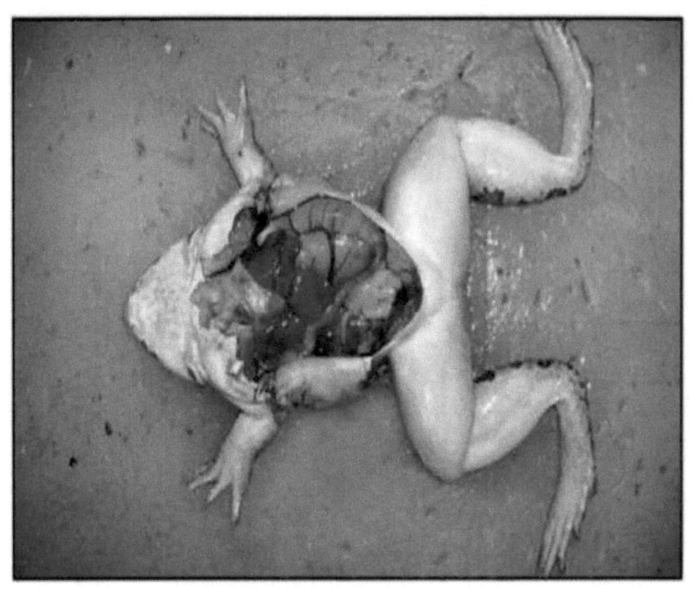

Fig. A.   Localização do fígado em *Hoplobatrachus tigerinus*.

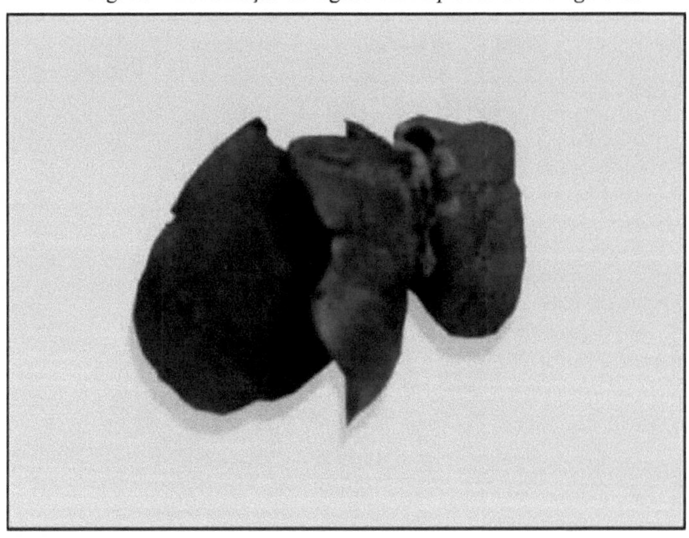

Fig. B.   Anatomia completa de *Hoplobatrachus tigerinus*.

PLACA-9

Quadro 4: Medição do fígado de *Euphlyctis cyanophlyctis*

S.N.	Data de colheita do espécime s	Sexo	Peso corporal (gm)	Medida do fígado (mm)			Peso do fígado (gm)
				L1	L2	R	
				C x L x T	C x L x T	C x L x T	
1	3/5/08	M	5.5	9,8x5,2x 2.5	8,5x4,7x2,3	11,1x5,95x 2.83	0.12
2	7/5/08	M	4.1	9,5x4,7x 2.6	8,1x4,5x2,1	10,85x5,5x 2.56	0.092
3	7/5/08	M	3.8	9,10x6,45x2 .5	Não bifurcar	10,5x5,10x 2.40	0.086
4	10/5/08	F	15.3	11,2x6,0x2. 9	10,1x5,7x2,6	13,15x6,6x 3.15	0.3
5	15/5/08	F	27.1	11,5x6,5x3. 1	11,3x6,2x2,9	14,25x7,2x3,2 5	0.4
6	17/5/08	F	30.2	11.6 x 6.6x3.2	11,4x6,3x3,1	14,3x7,5x3,5	0.4

As abreviaturas acima indicam:

> F- Mulher
> M-Masculino
> Comprimento L
> Largura W
> Espessura T
> L1-Lóbulo esquerdo do fígado
> L2-Lóbulo esquerdo do fígado
> R-Lóbulo direito do fígado

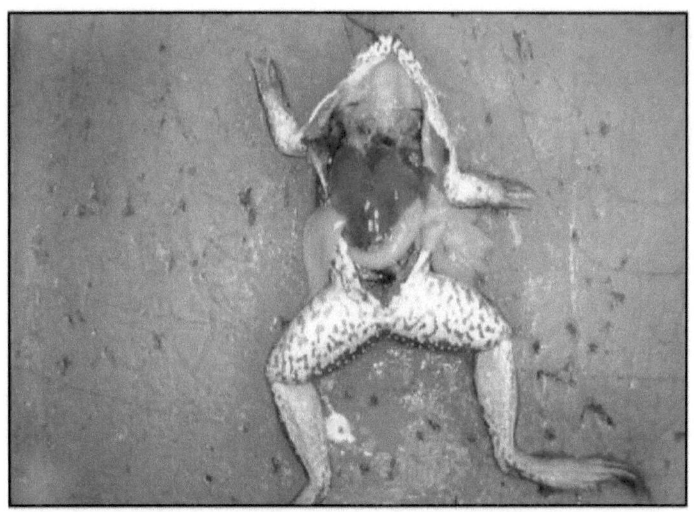

Fig. A. Localização do fígado de *Euphlyctis cyanophlyctis*

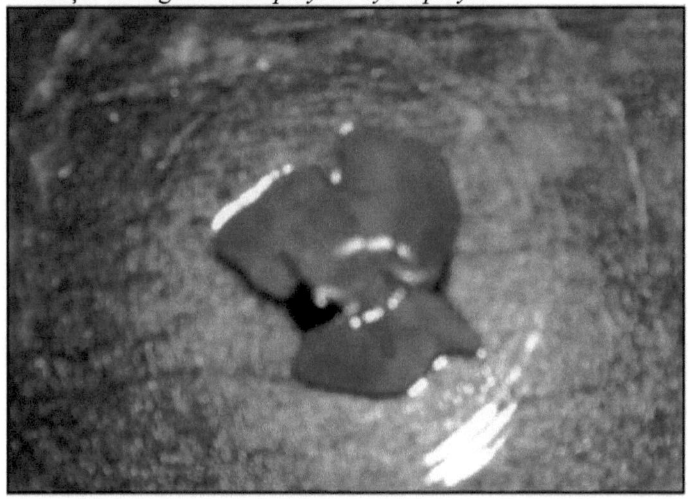

A figura B mostra a anatomia completa do fígado de *Euphlyctis cyanophlyctis*

PLACA-10

Fig. A. Mostra a medição da largura e do comprimento do fígado com um compasso de calibre vernier.

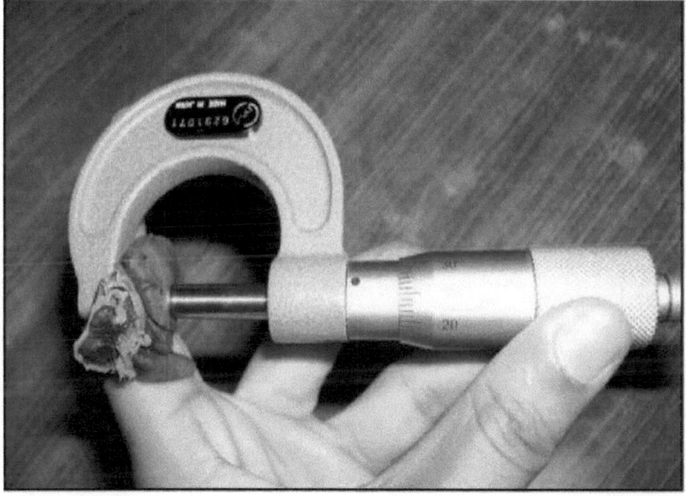

Fig. B. Mostra a medição da espessura do fígado com um calibre de parafuso.

PLACA-

Descrição dos gráficos:

Bufo stomaticus:

1. Na fase juvenil, o peso corporal e o peso do fígado estão a aumentar.

2. Quando o fígado aumenta de tamanho, o comprimento, a largura e a espessura também aumentam.

3. Na fase juvenil, o lobo esquerdo do fígado é parcialmente bifurcado, enquanto na fase adulta se torna completamente bifurcado.

4. Após a complicação da fase juvenil, o peso do fígado torna-se constante, enquanto o peso corporal aumenta continuamente.

5. O peso corporal das fêmeas de *Bufo stomaticus* é superior ao dos machos.

6. O lobo direito do fígado é maior do que o lobo esquerdo *Bufo stomaticus*.

7. A variação no tamanho do lóbulo esquerdo do fígado também foi observada em *Bufo stomaticus*.

8. O fígado do *Bufo stomaticus* é de cor acastanhada.

Comparação do peso do corpo e do fígado de Bufo stomaticus

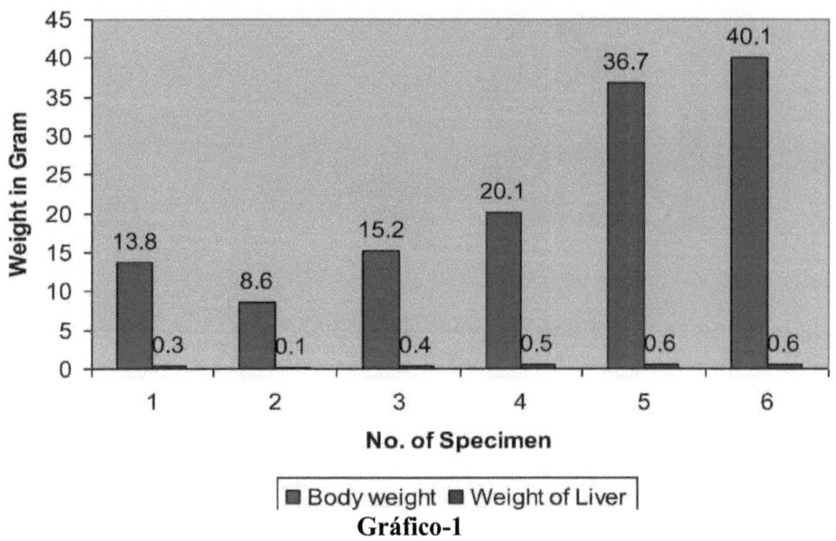

Gráfico-1

Hoplobaticus tigrinus:

1. O peso do fígado de *Hoplobaticus tigerinus* aumenta em função do peso corporal na fase inicial.

2. Na fase juvenil, o peso corporal e o peso do fígado aumentam.

3. Quando o fígado aumenta de tamanho, o comprimento, a largura e a espessura também aumentam.

4. Na fase juvenil, o lobo esquerdo do fígado é parcialmente bifurcado, enquanto na fase adulta se torna completamente bifurcado.

5. Após a complicação da fase juvenil, o peso do fígado torna-se constante, ao passo que o peso do bebé aumenta continuamente.

6. O peso corporal da fêmea é superior ao do macho. O peso do fígado das mulheres também é superior ao dos homens.

7. O fígado de *Hoplobaticus tigerinus* é de cor negra na fase adulta.

8. O lobo direito do fígado é maior do que o lobo esquerdo.

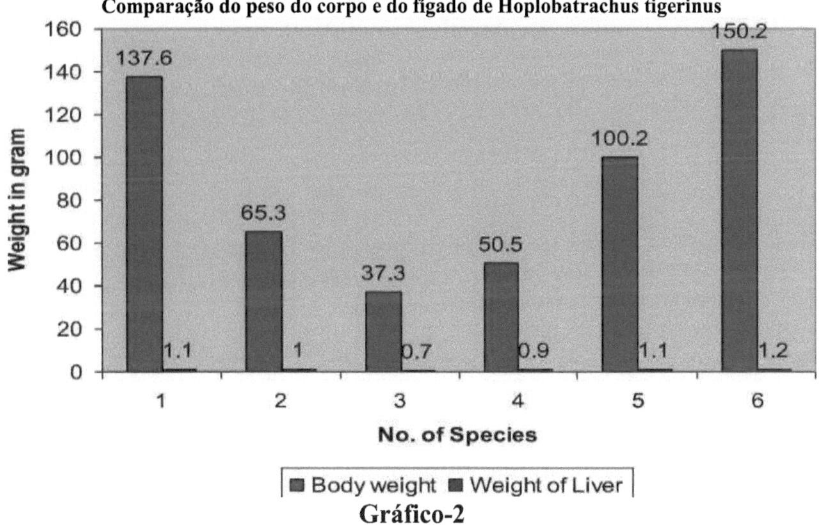

Gráfico-2

Euphlyctus cyanophlyctis:

1. O peso do fígado de *Euphlyctis cyanophlyctis* aumenta, bem como o peso do corpo na fase inicial da fase juvenil.

2. O comprimento, a largura e a espessura do fígado aumentam com o aumento do peso e do tamanho do corpo.

3. Na fase juvenil, o lobo esquerdo do fígado é parcialmente bifurcado, enquanto na fase adulta se torna completamente bifurcado.

4. Após a complicação da fase juvenil, o peso do fígado torna-se constante, enquanto o peso do corpo aumenta continuamente.

5. . O peso corporal das fêmeas de *Euphlyctis cyanophlyctis* é superior ao dos machos.

6. O lobo direito do fígado é maior do que o lobo esquerdo em *Euphlyctis cyanophlyctis*.

7. A variação no tamanho do lobo esquerdo do fígado também foi observada em *Euphlyctis cyanophlyctis*.

8. O fígado do *Euphlyctis cyanophlyctis* é de cor rosada.

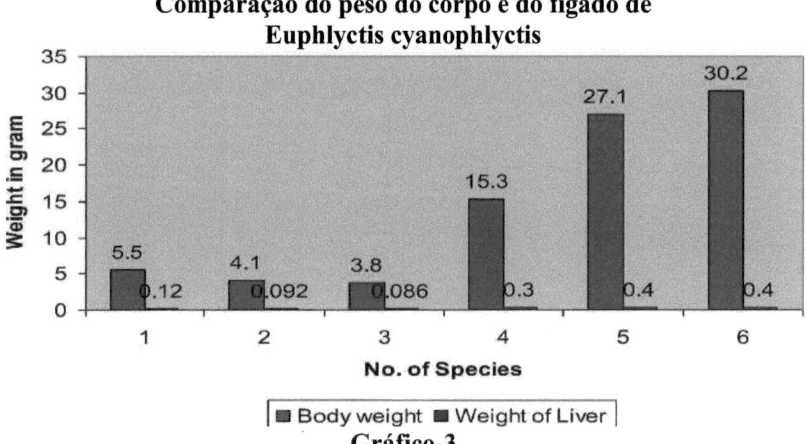

Gráfico-3

Tabela -5   : Comparação das células hepáticas em três espécies de anuros

Características	*Bufo stomaticus*	*Euphlyctis cyanophlyctis*	*Hoplobatrachus tigerinus*
Célula de Kupffer	Menos em número	Densa	A menor destas espécies
Hepatócitos	Menor e de tamanho reduzido	Densa e de grandes dimensões	Densas e de pequenas dimensões
Espaço sinusoidal	Menos	Mais	Muito menos
Região do portal	Forma grande e oval	Grande e irregular	Muito pouco e disperso
Material de cromatina	Muito menos	Menos	Densa
Membrana celular	Menos espesso e com muitas membranas	Espesso e macio	Finas e com ligeiras membranas
Células endoteliais	Densa	Menos	Muito menos

Fig. A. Mostrando a S.T. do fígado de *Bufo stomaticus*. X100

b- Membrana externa das células do fígado

a- Membrana interna ou peritoneal do fígado

5- Sinusóides

H- Hepatócitos

E- Células endoteliais

K- Células de Kupffer

CM- Material de cromatina

PR- Região do portal

Fig. B. Mostrando a S.T. do fígado de *Bufo stomaticus*. X400

b- Membrana externa das células do fígado

a- Membrana interna ou peritoneal do fígado

6- Sinusóides

H- Hepatócitos

E- Células endoteliais

K- Células de Kupffer

CM- Material de cromatina

PR- Região do portal

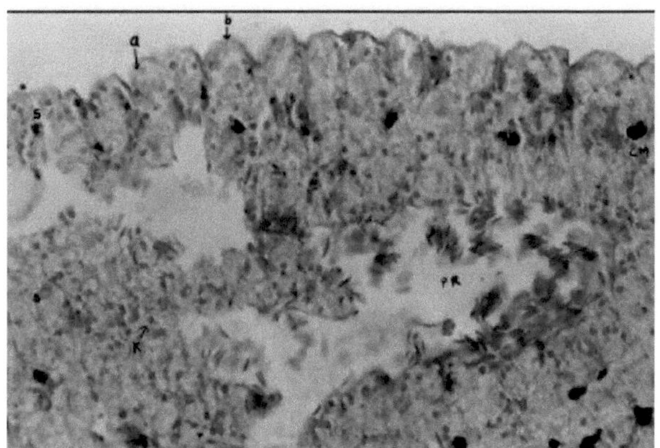

Fig. A

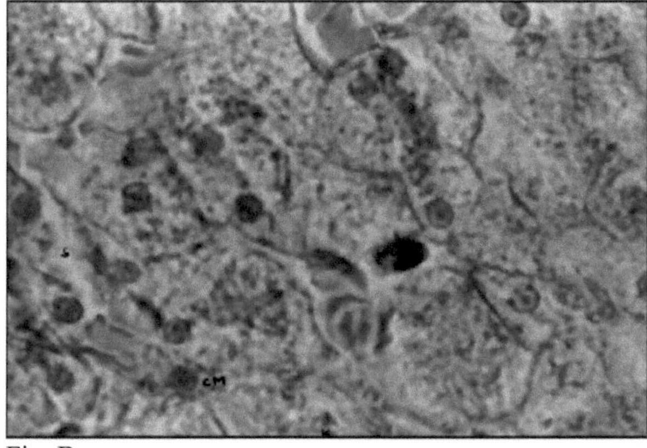

Fig. B

PLACA-12

Fig. A. Mostrando a S.T. do fígado de *Euphlyctis cyanophlyctis* . X100

b- Membrana externa das células do fígado

a- Membrana interna ou peritoneal do fígado

5- Sinusóides

H- Hepatócitos

E- Células endoteliais

K- células de kupffer

CM- Material de cromatina

PR- Região do portal

Fig. B. Mostrando a S.T. do fígado de *Euphlyctis cyanophlyctis*. X100

b- Membrana externa das células do fígado

a- Membrana interna ou peritoneal do fígado

6- Sinusóides

H- Hepatócitos

E- Células endoteliais

K- células de kupffer

CM- Material de cromatina

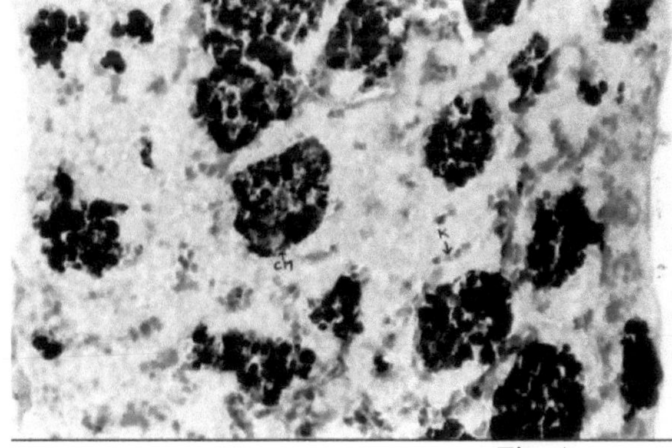

Fig. A

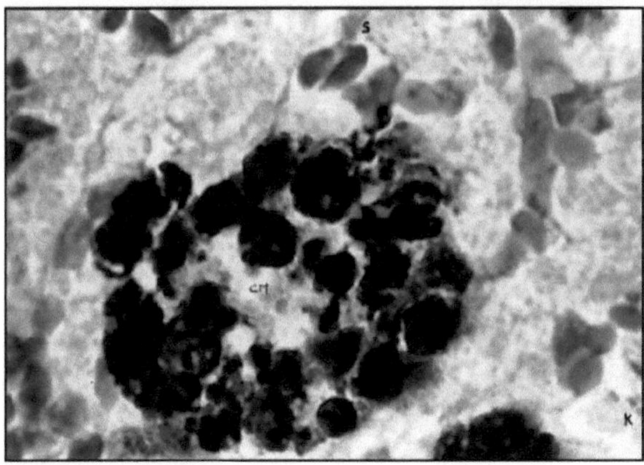

Fig. B

PLACA-13

Fig. A. Mostrando a S.T. do fígado de *Hoplobatrachus tigerinus*. X100

b- Membrana externa das células do fígado

a- Membrana interna ou peritoneal do fígado

5- Sinusoide

H-Hepatócitos

E-Células endoteliais

K- Células Kupffr

CM- Material de cromatina

PR- Região do portal

Fig. B. Mostrando a S.T. do fígado de *Hoplobatrachus tigerinus*. X400
b- Membrana externa das células do fígado
a- Membrana interna ou peritoneal do fígado
S-Sinusóides
H- Hepatócitos
E- Células endoteliais
k- células de kupffer
CM- Material de cromatina
PR- região do portal

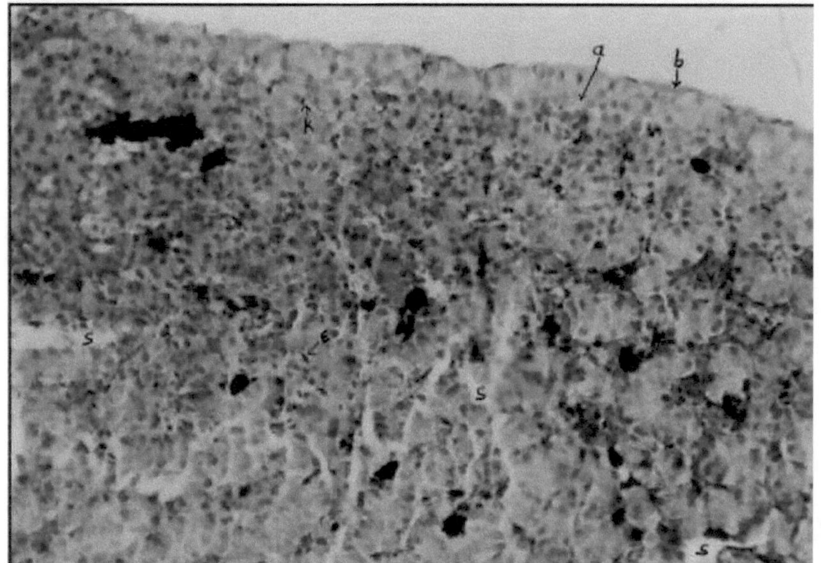

Fig. A

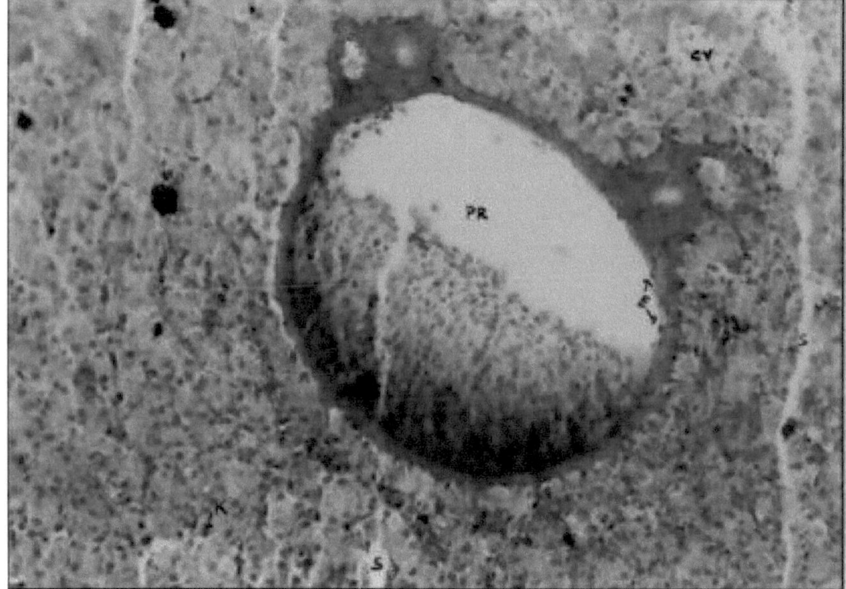

Fig. B

PLACA-14

Tabela.6- Rácio entre o peso do fígado e o peso corporal de *Bufo stomaticus* .

S. NÃO.	Peso do fígado em gm	Peso corporal em gm	Rácio de W/BW	Percentagem do peso do fígado no peso corporal
1	0.1	8.6	0.016	1.16
2	0.3	13.8	0.0217	2.17
3	0.4	15.2	0.0263	2.63
4	0.5	20.1	0.0249	2.49
5	0.6	36.7	0.0163	1.63.
6	0.6	40.1	0.0150	1.50

Tabela 7 - Rácio entre o peso do fígado e o peso corporal de *Hoplobatrachus tigerinus*.

S. NÃO.	Peso do fígado em gm	Peso corporal em gm	Rácio de W/BW	Percentagem do peso do fígado no peso corporal
1	0.7	37.3	0.0187	1.87
2	0.9	50.5	0.0178	1.78
3	1.0	65.6	0.0152	1.52
4	1.1	100.2	0.0109	1.09
5	1.1	137.6	0.008	0.80
6	1.2	150.2	0.0079	0.79

Tabela.8- Relação entre o peso do fígado e o peso corporal de *Euphlyctis cyanophlyctis.*

S. NÃO.	Peso do fígado em gm	Peso corporal em gm	Rácio de W/BW	Percentagem do peso do fígado no peso corporal
1	0.086	3.8	0.0226	2.26
2	0.092	4.1	0.0224	2.24
3	0.12	5.5	0.0218	2.18
4	0.3	15.3	0.0196	1.96
5	0.4	27.1	0.0147	1.47
6	0.4.	30.2	0.0132	1.32

Gráfico do modelo ajustado

Peso corporal= -9,1 +76,3333*Peso do fígado

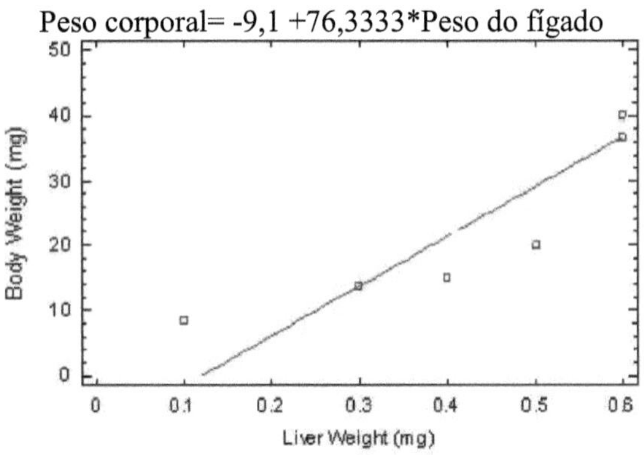

Gráfico 4. Correlação entre peso corporal e peso do fígado de *Bufo stomaticus*

A saída mostra o resultado do ajuste de um modelo linear para descrever a relação entre Peso corporal (mg) e Peso do fígado (mg) .

A equação do modelo ajustado é
Peso corporal (mg) = -144,696 +234,875*Peso do fígado (mg)
Uma vez que o valor P (0,8025) na tabela ANOVA é inferior a 0,05, existe uma relação estatisticamente significativa entre o peso corporal (mg) e o peso do fígado (mg) a um nível de confiança de 95,0%

Gráfico do modelo ajustado

Peso corporal=-72,775+157,25*Peso do fígado

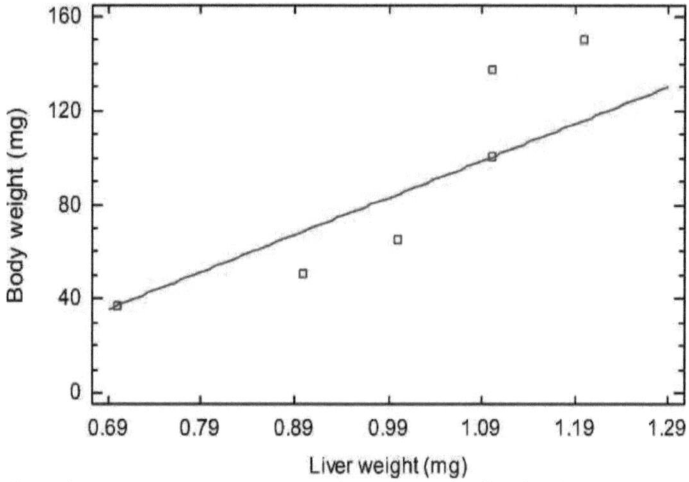

Gráfico-5 Correlação entre o peso corporal e o peso do fígado de

Hoplobatrachus tigerinus

A saída mostra o resultado do ajuste de um modelo linear para descrever a relação entre Peso corporal (mg) e Peso do fígado (mg).

A equação do modelo ajustado é

Peso corporal (mg) = -3,46185+76,6630*Peso do fígado (mg)

Uma vez que o valor P (0,1991) na tabela ANOVA é inferior a 0,05, existe uma relação estatisticamente significativa entre o peso corporal e o peso do fígado a um nível de confiança de 95,0%

Gráfico do modelo ajustado

Peso corporal= -2,77013+74,6753*Peso do fígado

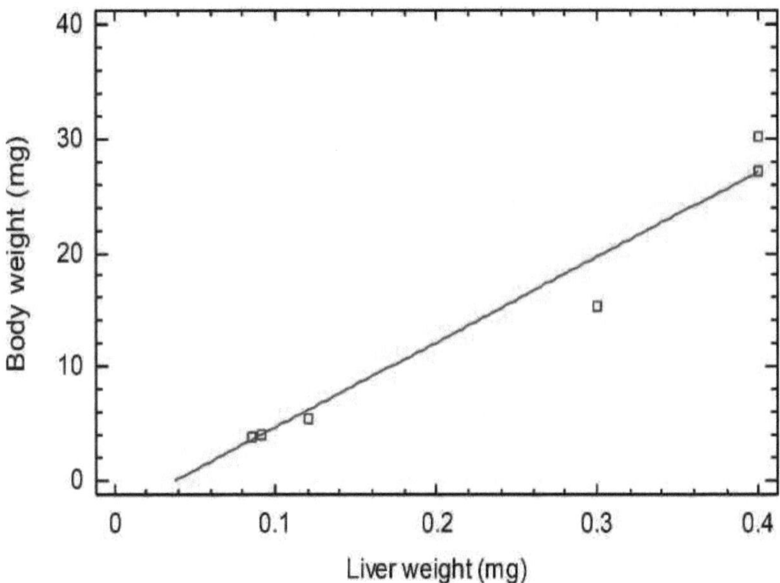

Gráfico 6. Correlação entre peso corporal e peso do fígado de *Euphlyctis cyanophlyctis*

A saída mostra o resultado do ajuste de um modelo linear para descrever a relação entre Peso corporal (mg) e Peso do fígado (mg)

A equação do modelo ajustado é

Peso corporal (mg) = -2,29204 + 59,3009*Peso do fígado*(mg)

Uma vez que o valor P (0,2150) na tabela ANOVA é inferior a 0,05, existe uma relação estatisticamente significativa entre o peso corporal (mg) e o peso do fígado (mg) a um nível de confiança de 95,0%.

<u>DEBATE E CONCLUSÃO</u>

Foram estudadas três espécies de anuros existentes no Rajastão, nomeadamente *Hoplobatrachus tigerinus, Bufo stomaticus* e *Euphlyctis cyanophlyctis*. Foram efectuadas várias observações morfométricas destas espécies. Estas incluem o comprimento da cabeça, a forma e o tamanho, o comprimento do corpo desde o focinho até ao respiradouro, os dedos dos pés, as pontas dos dígitos e a membrana dos membros,

Almofadas nupciais, cor, dimorfismo sexual, habitats, chamamentos e características ecológicas.

Depois, o fígado foi retirado e o seu peso foi medido. Estes dados foram analisados num computador. Os resultados indicam claramente a relação entre o peso do corpo e o peso do fígado. A relação entre o peso do corpo e o peso do fígado de *Hoplobatrachus tigerinusvaried foi* de 0,79 a 1,87 e a de *Euphlyctis cyanophlyctis foi de* 1,32 a 2,26.

1. O peso do fígado aumenta com o peso corporal nas três espécies.
2. Quando o aumento do peso corporal estabiliza, não há mais aumentos no peso do fígado.
3. O tamanho do fígado do *Hopobatrachus tigerinus* é comparativamente maior do que o do *Euphlyctis cyanophlyctis* e do *Bufo stomaticus*.
4. Nestes animais, o tamanho do fígado é também muito grande.
5. No Euphlyctis cyanophlyctis o lobo esquerdo não é bifurcado na na fase juvenil, mas bifurca-se na fase adulta.

6) Em *Hoplobatrachus tigerinus* e *Bufo stomatichus* o lóbulo esquerdo do fígado é bifurcado tanto na fase juvenil como na fase adulta.

É interessante observar que o padrão do rácio peso corporal/fígado permanece bastante semelhante nos três géncros, apresentando diferentes habitats.

As seguintes características são visíveis na histologia do fígado dos três diferentes anuros. Estas são células de kupffer hepatócitos, sinusóides região portal material cromatínico chama membrana, célula endotelial, o kupffer cellare muito denso em *Euphlyctis cyanophlyctis*. A função é a fagocitose. O tamanho do hepatócito é maior nos *Euphlyctis cyanophlycits*. A densidade dos hepatócitos é mais elevada no *Hoplobatrichus tigerinus, o* que significa que estão dispostos de forma compacta. O espaço sinusoidal é maior em Euphlyctis *cyanophlyctis*. O material cromatínico é muito denso e proeminente em *Hoplobatrichus tigerinus*

A membrana celular é lisa e espessa em *Euphlyctis cyanophlyctis*, mas é fina e em forma de rede em *Hoplobatrichus tigerinus* e *Bufo stomatichus*. As células endoteliais que formam a veia porta são densas no *Bufo stomatichus*.

Estas observações sugerem que a organização arquitetónica do fígado é a melhor em *Euphlyctis cyanophlyctis* em comparação com *Bufe stomaticus* e *Hoplobatrichus tigerinus*. O fígado desempenha um papel vital importante na sobrevivência de um organismo. O melhor desenho arquitetónico de *Euphlyctis cyanophlyctis* faz com que esta espécie sobreviva e se distribua mesmo em áreas geográficas variadas.

REFERÊNCIAS

Altwegg e Reyer (2003). "Padrões de seleção natural no tamanho na metamorfose em sapos d'água". *Evolution,* Vol. 57, No. 4: pp. 872-882.

Annandale, N. (1907). Répteis e batráquios de uma ilha no lago Chilka, Orissa. Rec.Indian Mus. Calcutá, 1: pp 397-398.

Bhaduri, J.L. e Kriplani, M.B. (1954).Notes on the Frog Rana breviceps Schneider, J.Bombay Nat.Hist. Soc. 52: pp.1-3.

Bhaduri, J.L. e Saha, S.S. (1980). Extensão da área de distribuição da rã de boca estreita, Uperodon globulosum (Gunther) ao distrito de kamrup, Assam, J.Bombay Nat.Hist.Soc. 77: pp 151-152.

Boulenger, G.A., (1920). A monograph of the south Asian. Papuásia Melanésia e rãs australianas do género Rana. Rec. Indian Museum, Calcutá.20:pp. 1-226.
Boulenger, G.A. (1882). Catalogue of the Batrachia salientia S. cautdata in the collection of the British Museum, London. The Trustees of the British Museum, Londres. 2nd ed. XVI, pp 503

Burggren, W.W., Just, J.J., 1992. Mudanças no desenvolvimento de sistemas fisiológicos. In: Feder, M.E., Burggren Jr., W.W. (Eds.), Environmental Physiology of the Amphibians. The University of Chicago Press, Chicago, pp. 467-530.

CAMPBELL F.R. (1970) Ultraestrutura da medula óssea da rã. American Journal of Anatomy 129; pp 329-356.

CURTIS SK, COWDEN R.R., and NAGEL J.W. (1979) Ultrastructure of the bone marrow of the salamander *Plethodon glutinosus* (Caudata: lethodontidae). *Journal of Morphology* 159, pp. 151-184

Daniel, J.C. (1975). Field guide to the amphibians of western India part III.J.Bombay Nat.Hist.Soc. 72(2): pp 507-522.

Denver et al (1998). "Plasticidade adaptativa na metamorfose dos anfíbios: Response of *Scapiopus Hammondii* Tadpoles to Habitat Desiccation". *Ecology,* Vol. 79, No. 6, pp. 1859-1872.

Denver et al. (1998). "Plasticidade adaptativa na metamorfose dos anfíbios: Response of *Scapiopus Hammondii* Tadpoles to Habitat Desiccation". *Ecology,* Vol. 79, No. 6, pp. 1859-1872,

Domag, L. (1948); Kernechtrot anilin blue, orange G in microscopic technique B Romeis oldenberg, Munchen; pp 346.

Duellman, W.E. e Trueb, L. (1986).Biology of Amphibians. Mc Graw Hill, Nova Iorque.

FEY, F. (1967) Vergleichende Hamozytologie niederer Vertebraten. IV. Monozyten-Plasmozyten-Lymphozyten. *Folia Haematologica86*, pp. 133-147

Ford, L.S. e Cannatella, D.C. (1993). The major clades of Frogs Herpatological Monographs 7: pp 94-117.

GINSEL L.A. (1993) Origin of macrophages. Em *Blood Cell Biochemistry*, vol. 5, *Macrophages and Related Cells* (ed. HortonMA), pp. 87-107.

GUIDA,G., MAIDA, I., GALLONE, A., BOFFOLI, D., CICERO, R. (1998) Ultrastructural and functional study of the liver pigment cells from *Rana esculenta* L. *In vitro Cellular and DevelopmentalBiology. Animal.* 34, pp. 393400.

Gunther,A. (1858).Catálogo da Batrachia, Salientia na coleção do British Meseum, Londres, Trustees of the British Museum, XVI, pp 160

McCUSKEY, R. (1993) Endothelial cells and Kupffer cells. In *Molecular and Cell Biology of the Liver* (ed. Le Bouton AV), pp. 407-427.

McCUSKEY, R., McCUSKEY, P.A. (1990) Fine structure and function of Kupffer cells. *Journal of Electron MicroscopyTechnique* 14, pp 23-246

Mudge, G.P.(1895) An intresting Case of Conection between the Lung Systemic circulatory system and of an Abnomal Hepatic Blood

Suprimento em uma rã (Rana temporaria). J Anat Physiol.Jan; 29.pp; 240300.

Hayes et al. (1993). "Interações de temperatura e esteróides no crescimento larval, desenvolvimento e metamorfose em um sapo (*Bufo boreas*)". *Journal of Experimental Zoology*. Vol. 266, No. 3, pp. 206-215.

Hayes, Tyrone B. (1997). "Esteróides como moduladores potenciais da atividade do hormônio tireoidiano na metamorfose de Anuran". *American Zoologist,* Vol. 37, No. 2, pp 185-194.

Hayes, T.B e Norega, N. (1997). Mecanismo de transferência de contaminantes ambientais desreguladores endócrinos e potenciais efeitos nas larvas da população. Terceiro congresso mundial de Herpatologia Peaguc.Czech. Pub. Resumo.pp 94.

Hora, S.L. (1922). Algumas observações sobre o aparelho bucal dos girinos de Megalophrys parva Boulenger. Proc: Asiatic. Soc. Bengal (New Series) 17(1): pp 9-15.

Hora, S.L. (1928).Further observation on the oral apparatus of the tadpole of the genus Megalophyrs. Rec.Indian Mus.Culcutta 30(1): pp 139-145.

Kaltenbach et al. (1977). Histochemical Study of the Amphibian Digestive Tract during Normal and Thyroxine-Induced Metamorphosis (Estudo histoquímico do trato digestivo dos anfíbios durante a metamorfose normal e induzida pela tiroxina): Alkaline Phosphatase. *Journal of Experimental Zoology,* Vol. 202, No. 1, pp.103-119.

Kaywin, L. (1936).Anat. Record.pp 64-413.

Khan, M.S. (1973). Alimentação da rã-tigre, Rana Tigrina Daudin (Lahore), 19(1-2): pp 93-107.

Khan, M.S. (1979). Sobre uma coleção de anfíbios do norte do Punjab e Azad Kasmir com notas ecológicas Biologia 25(1 -2): pp 37-50
Khan, M.S. (1994). A revised checklist and key to the amphibians of Pakistan Hamadryad, 19: pp 11 -14.

Khan, M.S.e Tasnim, R. (1987). - A field guide to the identification of herps of Pakistan. Parte I: Monografia n.º 14. Sociedade Biológica do Paquistão, Lahore, pp1-27.

Khan, M.S. e Mufti, S.A. (1994). - Morfologia do disco oral do girino anfíbio e suas correlações funcionais. Pakistan J.Zool.26: pp 25-30.

Khan, M.S. (1968). Fauna de anfíbios do distrito de Jhang com notas sobre os hábitos. Pakistan J.Sci.20: pp 227-233.

Khan, M.S. (1982). Recolha, preservação e identificação de ovos de anfíbios das planícies do Paquistão. Pakistan J.Zool. 14: pp 241-243.

Khan, M.S. (1987). Checklist de distribuição e afinidades zoogeográficas da herpetofauna do Baluchistão.J.Bombay Nat.Hist.Soc.82: pp 144-148.

Khan, M.S. (1991). Anfíbios, lagartos, tartarugas e cobras. Capítulo 3.In: Pakistan ki Jangli Hayat (vida selvagem do Paquistão): pp 61124.

Khan, M.S.e Ahmed, N (1987). On a collection of amphibians and reptiles from Baluchisten Pakistan, The Snake, 20: pp 156-161.

Khan, M.S.e Malik, S.A. (1987). Morfologia bucofaríngea da larva de girino de Rana Hazarensis Dubois e Khan 1979, e suas adaptações tórrnicas, Biologia 33: pp 45-60.
Kupferburg et al (1994). "Efeitos da variação nas dietas naturais de algas e detritos nas características da história de vida das larvas de anuros (*Hyla regilla*)". *Copeia,* Vol. 1994, No. 2, pp. 446-457

Larson, A. (2004). Vertebrados terrestres. Projectos Web da Árvore da Vida. pp 120-123.

Maniatis, George M, e Vernon M. Ingram (1971). "Eritropoiese durante a metamorfose de anfíbios: Site of Maturation of Erythrocytes in *Rana catesbeiana*" *The Journal of Cell Biology* Vol. 49, pp 372-379.

Michalpoulos, G.K.De Frances Mc (1997). Liver regeneration. Science 276: pp 60.

Milner, A.R. (1988). The relationship and origins of living amphibians' pp 59-102.

MOTTA, P. (1975) Um estudo de microscopia eletrónica de varrimento da sinusoide do fígado de rato. Células endoteliais e de Kupffer. *Cell and TissueResearch* 164, pp. 371-385.

MOTTA, P, PORTER KR (1974) Structure of rat liver sinusoids and associated tissue spaces as revealed by scanning electron microscopy. *Cell and Tissue Research* 148, pp. 111-125.

Myers, G.S. (1942).Rã do Sul da Índia. Proc.Biol.Wash,55:pp 71-74

Myers, G.S.e A.E.Leviton (1962). Classificação genérica dos sapos pelobatídeos de grande altitude da Ásia. C scutiger Aelurophryne e Oreolalax.
NAITO M, HASEGAWA G, TAKAHASHI K (1997) Desenvolvimento, diferenciação e maturação das células de Kupffer. *MicroscopyResearch and Technique* 39, pp. 350-364.

Natrajan, A.V. (1986). Discursos introdutórios. Primeira conferência mundial sobre o comércio de rãs em relação ao meio ambiente. Consideration Calcutta. 19-22 pp. No. 4, pp. 905-911.

Nobel, G.K. (1931). The Biology of the Amphibia, McGraw-Hill Book Comp.Inc.

Noble, G.K. (1931). The biology of the amphibian, McGraw-Hill Book Comp.Inc.

Rao, C.R.N., (1915). Notes on the tadpoles of Indian Engy stomatidae. Rec. Indian Mus. Calcutá.15: pp 41-45.

Rao, C.R.N. (1937). Sobre alguns novos fetos de Batrachia do sul da Índia. Proc.Ind. Acad. Sci.VI (6): pp 387-427.

Semlitsch e Caldwell (1982). "Efeitos da densidade no crescímento, metamorfose e sobrevivência em girinos de *Scaphiopus holbrooki*". *Ecology*. Vol. 63,

Simnett, J.D. e Balls, M. (1969): Cell proliferation in *Xenopus* tissues: a comparison of mitotic incidence *in vivo* and in organ culture. J. Morph. 127;, pp 363-372.

Sharma K.K. and Mehra Satya P. (2007) Need of anuran studies in habitats of southern Rajasthan, India Frog leg pp. 12-16

Smith, M.A. (1927). A contribution to the herpetology of the IndoAustralian region. Proc.Zool.Soc. Londres: pp 199-225

Smith, M.A. (1917). A list of Batrachians at currently known to in habit in Siam.J.Nat.Hist. Siam, 11: pp 226-231
Thurston, E. (1888). -Catálogo das Bactérias Salientia e Apoda (Rãs, sapos e cecílias) do Sul da Índia. Bull pp 42.

TURNER RJ (1969). The functional development of the reticuloendothelial system in the toad, *Xenopus laevis* (Daudin). *Journalof Experimental Zoology* 170, pp. 467-480

TURNER RJ (1988) Amphibians. In *Vertebrate Blood Cells* (Ed. Rowley AF, Ratcliffe NA), pp. 129-209.

Vyas, R. (2007) A Field guide to amphibians of Gujarat, Nature Club Surat, :pp. 6-7.

Wall, F...Notes of some lizards, Frogs and human being in the Nilgiri Hills. J.Bombay Nat. Hist.Soc.28: pp 493-499.

WIDMANN, J.J., COTRAN R.S, FAHIMI HD (1972) Mononuclear phagocytes (Kupffer cells) and endothelial cells. *Jornal de Biologia Celular* 52, pp 159-170

WIDMANN. J.J, FAHIMI HD (1975) Proliferação de fagócitos mononucleares (células de Kupffer) e células endoteliais. *American Journal Of Pathology* 80, pp 349-366.

WISSE E (1972) An ultrastructural characterization of the endothelial cell in the rat liver sinusoid under normal and various experimental conditions, as a contribution to the distinction between endothelial and Kupffer cells. *Journal of Ultrastructure Research* 38, pp. 528-562

WISSE E (1974) Observations on the structure and peroxidase 260 *C. Corsaro and others* cytochemistry of normal rat liver Kupffer cells. *Journal of Ultrastructure Research* 46, pp. 393-426.

WISSE E (1980) On the structure and function of rat liver Kupffer cells. Em *The Reticuloendothelial System: A ComprehensiveTreatise*, vol. 1 (ed. Carr I, Deams WT), pp. 361-379

ZAPATA A, GOMARIZ RP, GARRIDO E, COOPER EL (1982) Lymphoid organs and blood cells of the Caecilian *Ichthyophiskohtaoensis*. *Ata Zoologica* 63, pp. 11-16.

Printed by Books on Demand GmbH, Norderstedt / Germany